心理服饰系列丛书

罗彬心 著

心解罗裳

罗彬心心理服饰作品集

中国纺织出版社有限公司

内 容 提 要

本作品集为作者20多年的潜心研究成果展示。取名《心解罗裳》，实为用心理学理论与中国传统文化意象解构服装，提出“心理服装”和“服装疗愈”的开创性概念，以喜闻乐见的形式呈现，期望更贴近人们的日常生活。本书以心理学疗愈理论为款式设计源泉，书中作品同时也是后续研究服装疗愈理论和分析服装疗愈个案等成果的组成部分，最终目的都是为了开发和使用服装的疗愈功能，使用衣者获得身、心、精神的健康与美好。

图书在版编目（CIP）数据

心解罗裳：罗彬心心理服饰作品集 / 罗彬心著 . --
北京：中国纺织出版社有限公司，2022.3
（心理服饰系列丛书）
ISBN 978-7-5180-9468-4

Ⅰ . ①心⋯ Ⅱ . ①罗⋯ Ⅲ . ①服装设计 - 作品集 - 中国 - 现代 Ⅳ . ① TS941.28

中国版本图书馆 CIP 数据核字（2022）第 052954 号

责任编辑：魏 萌 郭 沫　　责任校对：王花妮
责任印制：王艳丽

中国纺织出版社有限公司出版发行
地址：北京市朝阳区百子湾东里 A407 号楼　邮政编码：100124
销售电话：010—67004422　传真：010—87155801
http://www.c-textilep.com
中国纺织出版社天猫旗舰店
官方微博 http://weibo.com/2119887771
北京华联印刷有限公司印刷　各地新华书店经销
2022 年 3 月第 1 版第 1 次印刷
开本：889 × 1194　1/16　印张：16.5
字数：264 千字　定价：198.00 元

前言 PREFACE

本书为“心理服饰系列丛书”的开山之作。据调查，服装疗愈在国际国内研究甚少，可查的数据寥寥可数，刘国联的《服装心理学》有章节提过这方面的内容，也许是迄今为止，国内外学术界在专著性文献中专门提到“服装疗愈”概念的比较权威和完善的代表了。

刘国联的《服装心理学》研究认为：服装疗愈为临床中对精神疾病患者的群体辅导，其疗愈模式主要针对因为身体缺陷影响自信，而从服装款式和色彩方面进行的辅助性简单疗愈，是对精神疾病患者以“穿好看的衣服”为减压放松为目的的简单临床疗愈方案。国际上做服装疗愈实践的包含美国与韩国两个国家的某个特定的医院的某个特定医生有类似的（服装疗愈），针对普通人群的情绪、心理、人格、精神等方面的个案临床和理论研究为空白，国内大概还没有其他服装学者专门进行这方面的研究。

本书在研究中广泛运用到认知心理、行为主义、艺术疗愈、中医与中医心理、东方哲学思想、精神分析、格式塔、拓普心理、人本主义、自然疗法等理论与技术。经本人慎重考虑，决定以心理服饰作品集形式代表服装疗愈研究的处女作出版，希望对多年心理服饰作品研究、设计投入的心路历程以符号形式记录下来，也是对在该研究过程中给予极大心力支持的朋友们的一次心灵馈赠。同时，希望打破传统疗愈方式（可能存在紧张感）改为温和的形式去表达服装疗愈的严谨内涵。衣食住行之首“衣”是人们生命与生活必不可少和习以为常的服务载体，以代表温暖的、亲民的“衣服”作为共情的符号，符合普遍性心理认知和心理学科的精神气质——以“传递爱心、予人温暖、助人利人”为本。因此，本书将我多年来以心理服饰为设计理念的作品先呈现世人，后续将陆续呈现服装疗愈研究的全面理论体系。

该书以早期设计的心理服装实物图片为主，给读者以视觉上的直观感受。需特别说明：该书的图片大部分为使用后实物翻拍，因为实物使用较久的原因，尽管现在的拍摄技术很好，但照片效果也难免因为实物老旧与使用后破损可能存在瑕疵，但并不影响本书要传达的服装疗愈内涵。该书作品均不反映具体使用者的心理情况，只反映作品大类所属的心理意象，因此，在具体服装的款式图片中不做使用者个案心理描述。该书作品未按一般意义上的服装类别进行分类，如裤子并非与裤子一类，衣服或裙子也并非与衣服、裙子一类，而是按心理意象分为三十类。这三十类作品有着各自内在的心理联系（每一件心理服饰作品都有其固定名字，但考虑用衣者隐私，本书暂以款式简单命名以替代原名），这主要是基于用衣者的人格气质、心理特征而划分的。三十个类别引用了《诗经》中诗歌的名字命名，基于两方面考虑：首先，“心理”从来与文化认知不相分离，心理的外在投射，与对母文化的潜移默化认知有深刻的内在关系，本书既反映了我对母文化的认知，也反映了使用者的心理投射；其次，本书作品基本以中国传统服饰元素为设计理念，作品使用者基本是东方人，而《诗经》是华夏文明的重要部分，其深邃的内涵和表现形式，对国人的集体无意识心理形成产生了深远影响。本书所有作品并非心理非健康人士使用过的，而是大量的志愿者人群，他们当中有心理学家、医生、企业管理者、教师、公务员等。这部分人群的用衣动机仅仅为：穿懂自己的衣服，“我衣唯我”而不为他的个性与人格特质追求。与一般意义上的服装个性定制有重合之处，区别在于为本群体设计的衣服除涵盖一般意义上的服装设计理念，还基于对其潜意识人格特性分析的基础上而进行的独特性的综合设计。一般意义上的服装设计多为基于社会学意义上的时尚与人体工学、美学概念基础上进行的设计。

本人目前正在进行深化研究和数据整理的工作，研究表明：服装疗愈应作为心身疗愈的一个重要类别，被重视和细分出来。目前对于“服装疗愈”这个全新的概念，在我看来，虽未被开发，但存在已久，服装疗愈早已隐含于服装之中。该书的出版希望从最初步的应用符号——心理服饰作品做起，开启读者新的视角，从而慢慢认识服装疗愈理论。

服装是人类文化的重要部分，其广谱性、不可替代性、民族特性有目共睹。从人类学角度看待服装，服装作为一种特定的、动态的文化符号，这种特殊的符号是人们在与自然和社会环境的互动中孕育和产生出来的。人们的穿着配饰深受天气、习俗、性别、材料、潮流等因素的影响。服装可以让其他人更多地了解衣者的个性、习惯、社会地位、民族、宗教信仰，以及大概从事的工作。[1]服装这种特殊的文化符号，深深带着人类世界的精神发展和延续路径的烙印。“衣带渐宽终不悔，为伊消得人憔悴”表达的尽是“情绪”二字，衣为心灵的晴雨表，衣冠不整，即情绪不好。

不同民族人群最显著的区分除了自然生物属性的肤色，就该是服装莫属了。各国、各民族的服装反映了不同的民族心理发展路径和文化认同。服装是穿戴于身的历史：印度莎丽象征着印度女性的高贵和印度深厚的历史文化；阿拉伯男子的头巾和长袍是阿拉伯沙漠文化的标志；法国马赛长袍、美国夏威夷草裙、苏格兰男子的方格短裙、缅甸腰布、日本和服、越南女子的奥黛、西方妇女的胸衣、中国女性旗袍等，无不投射出所在国家和民族人群的性格和气质。从社会学角度分析：认识一个民族区别于其他民族最大的符

---

[1] 米兰达·布鲁斯·米特福德，菲利普·威尔金森：《符号与象征》，周继岚译，生活·读书·新知三联书店，2014年版，第248页。

号意象是服装，穿在身上的服装会带给人无限的遐想。古有穿戴奇异的巫师，现今依然保留远古萨满教文化的萨满神衣（围裙），象征动物，是一种古老的护身符，也是萨满巫师身份的象征，让人一见顿生神秘感。研究服装的文化意义和蕴含的集体无意识心理，对于服装研究者而言是应该特别重视的领域。本书以心理服饰创作为出发点，了解着衣者心理、带动其积极心理形成，都是认识服装的文化意义和蕴含的集体无意识的具体行动。因为研究不同民族的服装特殊性和演进，具有与研究民族心理的异曲同工之妙，一般意义上的心理疗愈就是文化与价值认同的疗愈。后现代医学研究表明：绝大多数身心疾病均以心因性影响为主，而文化建构为心因性疾病的始作俑者，文化的双刃性客观存在，如何取其精华去其糟粕，唯从心出发认识文化，从认知到改善才可能发生。

借用分析心理学家卡尔·荣格的原型理论，分析代表人类社会和人类心理演进的服装文化符号，民族服装具有集体无意识的符号意象，民族服装元素里面有来自祖先的无言的文化诉说，服装的符号里融入先祖的精神灵魂，因此，研究民族服装是一种民族志研究具体方法，也是研究民族心理发展的有效途径。从这个角度看中国的服装文化心理，是有特别的民族文化积极意义的，因为中国素有“衣冠之国的美誉”。中国又称“华夏”，这一名词的由来与服装有关。《尚书正义》注：“冕服华章曰华，大国曰夏。”《左转·定工十年》曰：“中国有礼仪之大，故称夏；有章服之美，谓之华。”中国自古就被称为“衣冠上国、礼仪之邦”。中华文化始终与服装发展有着千丝万缕的联系，从我国语言词汇中的成语中可见一斑。例如，衣锦还乡、衣冠楚楚、衣锦夜行、沐猴而冠、衣架饭囊等，以服饰内容构成的成语、熟语不胜枚举，这些语言代表了一个个生动的历史故事或典故，从这些成语分析看出“衣”具有民族心理的安抚作用，促发人们的积极心理和民族文化复兴的自豪感心理意象产生。这当属于社会民族心理学的一般范畴。

中华民族的性格是含蓄内敛的，但民族服饰还未走向世界。试想，当华服走向世界时，民族性格是不是随着华服可以扬眉吐气于当今世界呢？2001中国APEC峰会引发唐装中国元素复古潮，这种现象绝非服装时尚概念下的复古潮，而是一种沉淀已久的文化扬眉吐气的自信彰显和民族根性文化回归的心灵期许。彭丽媛女士，每一次出访都自然成为华服代言的文化使者，用服装传递了中华民族的自信和特有的礼仪之邦文化美学内涵。结合荣格分析心理学理论（集体无意识）分析唐装复古风潮，是自我存在感与获得感的意识化、现实化表现，是民族历史积极发展的最敏感反映的写照。从服装的盛行中看到民族复兴的期望、趋势：华服疗愈了多难兴邦的华夏国人。研究服装的疗愈的民族志意义，将是本研究的另外一个重要方面和任务。

服装是精神的反映，学者们为服装深理的民族含义和中国文化意境深深着迷：《中国古代服饰研究》是中国服饰史的第一部通史，以所叙的主要对象——服饰为主线，却又不仅以服饰论之。以服饰这个载体，穿缀了中国历代朝野的政治、军事、经济、文化、民俗、哲学、伦理等诸多风云变迁之印迹。又如，著名小说家张爱玲，看她身上的旗袍便可以看出她的精神世界，其作品《更衣记》更是以衣托志，传递了中国传统文化精神和西方文化精神的双重美学元素，寄以深切的人性感慨和对时尚的绝妙讥讽。精神深邃者着衣乃人生大事，早已和精神灵魂的取向相提并论了；中国传统文人、士大夫形象多以穿长袍形象著称。服装符号为理清人的表达与认识意义的方式，在款式和色彩上加以区别，使服装符号携带着意义的感知，又用服装潮流的带动方式表达人际的互动、包容、接纳属性，有着极好的社会学功能。

服装的文化功能、社会作用、使用服装的动机心理及其解构，在传统的服装与配饰研究工作中已经有大量的研究，但对服装的积极心理作用仅停留在款式和色彩与配饰对个人形象改善后带来的自信变化的表浅心理认知领域，把服装与医学、艺术疗愈、心理疗愈结合起来几乎没有涉足。如今科技发展，大量的功能性面料出现，带来服装产业革命性的发展，改变了传统仅对服装作为文化软实力的范畴认知：通常人们觉得衣服只具有美学和时尚功能就已经足以诠释衣服的主要功能。但研究表明，服装隐含大量的医学功能和心理咨询与疗愈功能。唯安静才可以静思、体悟、知长短优劣，才可以健康，健康者与美不分。这里的安静与专注也有异曲同工之意。服装的安静功能具体案例在生活中早已出现，如茶服、瑜伽服、特定的演出服。探索衣服的安静功能的医学价值，将有着广泛的医学意义。如何去挖掘这些功能，要从服装产业链方面进行研究和探索。防辐射功能面料的研发、加工、生产，在一定意义上代表了服装疗愈产业链上的细分和布局，但研究更有待后续深入进行。

该书的缘起，还必须联系我小时候的成长经历。书中部分作品创作过程中与童年生活故事情结（心理学意义上的情结）有联系，且我专注服装疗愈功能研究与童年的生活经历息息相关。或许换个说法：该书本身是一个服装疗愈个案的呈现。心理学讨论的重要话题：原生家庭对现在人格和心理的影响，我自然受到这一规律的影响。我出生在川东北一个依山傍水的美丽小镇，小时候家境贫寒，只有每年过新年才有新衣穿。每逢年关，精明智巧的母亲就会请转乡的缝纫师傅来家里给全家人做新衣服。首先给家中最长者爷爷做一套品质最好的过年新衣；接下来是给爸爸妈妈、哥哥姐姐做一套在当时算价廉物美的新衣服；轮到家中最小的孩子我，母亲就是用爷爷和爸爸妈妈、哥哥姐姐做衣服剩下的多余边料为我镶拼一套衣服，经常是一件衣服由四五种面料组成，但手工精巧的师傅能把衣服拼得特别好看，专门取名为“童装”，缝纫师傅告诉小时候的我，这是家中最漂亮的衣服，妈妈最爱的孩子才能穿！在我的记忆中，那时的“童装”就是最漂亮的衣服的代名词，每每穿上它小伙伴们都很羡慕我有“童装”衣服，他们也要自己的爸爸妈妈给他们做这样的衣服，但一群孩子中最终还是只有我穿着这美丽的“童装”。这样的心理暗示在我的心里根深蒂固，至今我的记忆里的“童装”就是一件需用不同面料镶拼成的漂亮衣服，和现在童装（给孩童穿的衣服）的概念大相径庭。童年的经历几乎影响我一生对衣服的概念认知，也是促使我走进服装疗愈的缘起。

我从记事起一直穿这种“精心设计”出来的童装。直到小学二年级的时候，那是在过完大年、寒假还没有结束的某一天，我与村子里的小伙伴们做游戏，跑跳中不小心摔倒，自己怕小伙伴追赶上，连忙爬起来想跑，可是小伙伴已经到跟前，脚踩住我的衣角，挣脱中只听见“哧”一声，“童装”袖管从肩上掉了下来，我恼怒极了，嚷着要小伙伴赔，并告诉自己的衣服是家里最好的。小伙伴憋急了冲我大声嚷道：“你骗人，你妈妈才不喜欢你，你就是多余的，用他们剩下的布做衣服，我妈妈说都是妈妈不喜欢的孩子才穿这种衣服。你不是她的宝贝，我是我妈妈的宝贝，我有自己的新衣服。”于是我哭着回家，问妈妈小伙伴说的是不是真的，妈妈慈爱地对我说我是最小的孩子，也是最宝贝的孩子，这就是给最宝贝的孩子穿的衣服。我将信将疑，这算是我小时候因为“衣”历经的一次创伤性事件。随着年龄的增长，我终于理解了母亲的做法，但在内心深处还是希望得到镶拼的“童装”是不是最好看的衣服的答案之疑问。其实是潜意识里要知道，自己是不是妈妈最爱的孩子。为了找到答案，我心里一直有个想法：长大以后要自己设计制作心里的漂亮衣服。精神分析鼻祖弗洛伊德认为童年时期习得的情绪经验会影响一个人的一生，弗洛伊德的学生阿德勒说过：幸福的人一生被童年治愈，不幸的人一生都在治愈童年。因为我的妈妈给了我丰富美好的童年生活体验，激发了我今天异于普通服装创作理念的服装功能研究与特殊的创作灵感，明白了尽管家里贫寒，但妈妈不忘给孩子内心种下一颗积极乐观、爱美爱生活的种子。因此，我较关注各种色彩丰富的民族服饰，特别关注镶拼工艺，对传统土布内心充满对它的亲近感，通过精神分析，这是对勤劳智慧的妈妈的精神的泛化和升华。后来，为了收集更多土布，收集老绣娘的手工珍藏绣作，我经常走访一些偏僻的村落，并把收集来的老布和绣品按照内心的想法设计成各式各样的服饰和配饰，在衣服上绘制图案，把心里的故事画在衣服上。希望有一天，可以用老土布加老绣片创作一件婚纱礼服，而这件礼服在纽约、伦敦、巴黎、米兰四大时装周上展出。我与“童装”的故事形成了今天自己的特殊的人格特质。

每个人都有自己的故事，“童装”的故事促发我有一个这样的想法：如果人们可以用衣服记住内心的故事，是多么有意思的一件事啊！这个想法促使我行动起来，经常没日没夜为人设计心灵服饰、绘制心灵图案。在这个探索的过程中，结合自己的心理学专业，发现了服装疗愈的功能。很多人知道了，希望拥有一件自己的独特的衣服、在自己的衣服上画心理和人格气质画。这种方式改变了千篇一律的用衣习惯和流行时尚概念里的所谓个性定制带来的排他性、不和谐性的可能。人们怕撞衫，但越是名牌越有撞衫的风险，唯有人格化的衣服可以完全杜绝撞衫，满足部分消费者的心理需求。也是在这样的创作过程中，不知不觉发现用衣者的情绪发生了变化，人际关系获得了积极改变，经常性会出现用衣者穿着我设计的衣服和其他市面上买的衣服大相径庭的情绪体验的情况，这该是最初被我发现的服装具有疗愈的功能。事实上，服装除了通过款式和面料、价格可以提升自信外，还有广泛的心理疗愈功能，但目前市面上的服装不具备这种功能。如果服装的疗愈功能被广泛运用，相信护士服将不再仅仅是白色，病员服也不再是蓝白相间的条纹服，空姐和列车员的形象也会更贴近乘客心理，不和谐氛围与矛盾相应会减少很多。服装疗愈完全存在作为个案心理咨询方案的可行性。

服装被业界公认为人的第二层皮肤，这层“皮肤”联系个体身心和社会关系、自然、气候、民族与文化认同、禁忌与吸收等多方面。本人通过多年对使用自己所设计的衣服的个案调查得知，对比服用者前后的性格、气质、美学认知，都有明显的积极的转化情况发生。服装的心理疗愈功能正发挥着作用，对这些变化的数据统计调查是下一步的研究工作重点。当然，服装的传统物理功能毋庸置疑是保暖。随着科技的发展，各种各样功能面料的出现，强化了服装的物理功能，这方面研究是服装疗愈研究体系的后续研究工作的重要内容。未来在冬天，也许可以和夏天穿得一样轻薄，且也温暖无限；受伤的地方可以在特殊面料衣服的保护下，获得修护等。相信随着科技的发展、学科间的交叉合作，服装疗愈功能将会进一步得到开发和利用。

本研究在初步的心理疗愈功能方面，运用到弗洛伊德精神分析学派和荣格分析心理理论、马斯洛与罗杰斯人本心理理论、中医心理理论与技术以及东方文化的整体论，结合艺术疗愈等多种方法。使用者在使用衣服的过程中可能获得人格完善、心理发展、觉察自省的功能。该研究对比服装的常规性设计与商业服饰的另外一个区别在于找到符合自我个性人格特质的衣服还是社会性衣服的区别。本研究是基于个性人格剖析和心理状态解构基础上的个性设计，是基于内在和谐的潜意识的意识化个性设计。普通服装的设计和使用是求得衣与外在世界的统一，属社会学范畴（时尚的个性定制）。

本书的出版，特别感谢来自社会各界、多年来默默关注和支持的朋友们！成书与你们的鼓励分不开！感动你们用心呵护每一件心理服饰，时至今日让它们依然保存着当初的内涵气息。因此，怀着感恩的心抓紧完成出版，本人信奉“坚其志，苦其心，劳其力，事无大小，必有所成”。希望通过自己对人类第二层皮肤（服饰）的研究，为人类健康和幸福做一些特殊贡献。说到这里，我很欣赏现在进行降解面料开发和生产的企业，如美国材料公司PrimaLoft在2018年推出一款完全可生物降解的面料。如今一些持环保理念的面料科学家正在研究生态面料，如把食材作为面料，研发通过面料辅助缓解精神和睡眠障碍。另一些服装环保消费观念，如特蕾莎修女在去世的时候只有一双凉鞋和三件旧衣服。这些人类美好的行为代表都是值得我后续投入研究的极大动力源泉，这些人物和行为践行着衣服与自然环境的和谐关系。人们在从事创作的过程中，都该首先把生态保护考虑进去，这才是真正有价值的人类创造。能不能用一种理念改变女人希望把服装店搬回家的想法？能不能用吃完的果皮直接形成衣服？可以真正实现衣食住行在同一物质上的想法吗？这些在我看来也可能属于服装疗愈的功能范畴，感叹与相信科技高度发展的未来，这些也并非仅为想想而已不能落实的天方夜谭之事矣！放眼看环境，与工业污染相比较，看似小家碧玉的衣食住行带给生态的破坏已经到了相当严重的程度，每年成车的废旧日用品，衣服居多。如何从思想观念到行为改变，从而改变人为生态破坏状态，是代表另一个层面的服装疗愈研究。我以为可以通过自己的努力从服装疗愈研究视角做一定的环保和生态方面的积极贡献。世人该明白：当美与健康和整个人类生态联系起来时，似乎美才有真正的内涵，因人为的生态破坏改良才会真正发生。服装工业方面：服装面料加工、印染、废旧衣物带来的环境破坏不容忽视。要想真正穿得好、穿得美，人们必须有健康的穿衣观、和谐绿色的生态观。后续研究任务怀着“炸响如雷，惊动满天星斗；油光似日，照亮万里乾坤”。从小（服饰）处瞅见大关怀的关照，在原来的基础上将逐步用降解面料或是生态面料进行心理服饰的设计，实现世界观范畴的心灵和物质的双向环保的研究理想。

该书的出版，凝聚了本人20多年的心血，经过长达20多年的专业研究、田野调查、设计创新、个案验证基础上产生的。但该书依然有较大的遗憾：早年的心理服饰作品由于存储方式欠佳，导致作品源文件损坏，现只能尽可能去搜集整理实物，但大部分使用者没有联系上，让一些作品再也无法呈现出来。因此，该书仅呈现了我部分基于中国文化思想体系和文化符号下的心理服饰作品。该书呈现的作品已经注册了“彬心婵悦”商标，商标意为：把心灵中最想表达的美好姿态愉快地表达出来。引用王阳明心学“知行合一”的观点，这符合心智健康的内涵，也契合行为疗法、认知疗法的心理学观点。考虑21世纪信息时代、全球化大背景，用含蓄包容的方式表达民族文化符号，如在不抢眼而又关键的位置中，即领、斜襟、旁衩，或是一粒纽扣和花朵装饰中去表达文化意味，也反映了恭谦之礼，实属中国文化“仁义”之范畴。后续系列著作将深入推进作品的汉文化精华的全覆盖表现，希望随着研究的深入，那时的人们着改良版深衣冕服行径在大街小巷不再被视为异类，而成为文化自信的表现。也许期待之时就是华夏文明伟大复兴实至名归之时，信不远矣！这种潜意识想法，实属华夏子民潜意识文化理想和民族集体无意识守望。

民族“大伤大病”需民族意识觉醒去疗愈，个人“小病小痛”需心理重视却方得改善。我中华有何之霾？是自英国在1840年发动了鸦片战争开始，随后日本、法国、美国等国家蜂拥而至，带给我中华之伤痛至今未了却。今日之中国虽发生天翻地覆的变化，但民族内心的伤痛在一次次如南京大屠杀之国事祭拜中依然可感痛彻心扉。民族需要一种仪式感证明我华夏扬眉吐气后的精气神，因此，身着一件华服是民族心理精神归根的体现，衣与民族气质不相分离。说到这里，不得不提日本和服。“和服沿唐衣服而其制大同小异。本邦通中华也始于汉，盛于唐世时。朝廷命贤臣因循于往古之衣冠而折中于汉唐之制，其好者沿焉不好者草焉而为。本邦之文物千岁不易之定式也。”和服起源可追溯至公元3世纪。奈良时代，日本遣使来中国，获赠大量光彩夺目的朝服。

次年，日本效仿隋唐服饰，至室町时代，和服在沿承唐朝服饰基础上改进。日本的皇室和服至今为我唐服移植变化而来。日本人身着和服总是在最神圣的时刻，大街上着和服从来不会被认为有哗众取宠之嫌。日本把一个来自华夏文明的服饰演绎得如炉火纯青，符号和仪式感是可以强化民族意识的。我华夏疆土之广大、民族之繁多，56个民族的服饰又蕴含了多少璀璨的子民族文化精神呢？唯“冕服华章曰华，大国曰夏”的内涵可穷尽其意吧！本人将孜孜不倦、志在春秋追寻其答案。这里引用《诗经·邶风·绿衣》：

“绿兮衣兮，绿衣黄里。心之忧矣，曷维其已？
绿兮衣兮，绿衣黄裳。心之忧矣，曷维其亡？
绿兮丝兮，女所治兮。我思古人，俾无訧兮。
絺兮绤兮，凄其以风。我思古人，实获我心。”

诗歌表达庄姜因失位而伤己之作，（见衣）睹物思人、怀念古人。取象比类表达作者对汉服情结深义和忠义之思只有甚者无不及之处，但区别在于文化可以复活，相信美好的人类文化值得纪念、用心、用情、守正。只待文化复兴之时，人们把代表汉文化符号、图腾、精神、灵魂的汉服自由着身，淋漓尽致演绎中国人的集体无意识，尽显那来自人类悠久文明历史的自信！

经过反复推敲、文献查阅、心灵对接后，决定以《心解罗裳：罗彬心心理服饰作品集》为书名。“罗”为本人姓氏并有绫罗绸缎共同之代表，“解”为心灵功能的发挥和实现，“裳”为每一件服装作品。组合起来借宋代女词人李清照的词作《一剪梅·红藕香残玉簟秋》：“红藕香残玉簟秋，轻解罗裳，独上兰舟。”与轻解罗裳相似韵音，且李清照的爱情故事属实在社会学和社会心理学背景中两性关系解读的典型蓝本，也为心理服饰深化研究的一类典型案例方面。犹如本人在讲儿时“童装”成长故事隐含的“亲子关系”一般，也为心理科学讨论的另一个典型范畴。于此，《心解罗裳：罗彬心心理服饰作品集》表达了我想要表达的心理服饰功能与汉服情结共同作用。古时人们用兽皮、树叶御寒保暖，如今人们着衣动机早已从生理需要升华为心理和文化需求，甚至民族情结。今人从服装礼仪中表达自己的素养品位、财富、智慧与审美。唯有回归心灵，才会摒弃野蛮。

本书大部分作品多为窄幅的传统老土布面料手工镶拼，另外小部分作品以麻、丝绸为主要原材料。作品上的手绘图片为本人手绘而成，代表一定的（对用衣者）个性心理解读，起积极的心理促进作用。成书目录解释：考虑《诗经》对中国文化的深远影响，在选用目录时特引用《诗经》的三十个诗歌名为作品章节名，希望通过代表中国传统文化的优秀部分《诗经》的文字符号引起国人对民族文化的集体无意识记忆，并用民族服装记录历史的存在，感受着华服的那份沉甸甸的庄重与定然。作品中存在款式基本相同的情况，但在作品创作过程中的心境和对用衣者心理的心理分析和解读却有很大不同，均为客观呈现，便把它们放在不同的目录里面。

由于本人水平有限，研究深度和广度有待提升，难免有不尽如人意之处，欢迎批评指正！

最后，深深鞠躬感恩：

感恩早年母亲亲手为我在服装疗愈学术土壤

埋下的种子！

感恩吴君君（笔名）女士给予本书在艺术疗愈研究过程中的价值支持！

感谢多年来一直默默奉献的缝纫师傅刘女士、周先生夫妇，一针一线把心理服饰作品制作成衣！

感谢李嘉祺等同学对本书的大量图片进行的编辑工作！

感恩“彬心婵悦心理服饰工作室”顾女士、沈女士及全体人员对庞大的心理服饰作品的收集、整理、拍摄工作！

罗彬心
2022年1月

罗彬心

原名：罗光丽

心理学博士，博士后，广东外语外贸大学南国商学院应用心理学副教授，广东外语外贸大学南国商学院中国传统文化研究所研究员，北京临空国际技术研究院华南分院研究员，“心理服饰”“服装疗愈”理论、技术开创者，长期从事应用心理学研究，艺术心理咨询研究。

目录
CONTENTS

第一章　螽斯

01 弓竹佩囊

02 鸿雁之袄

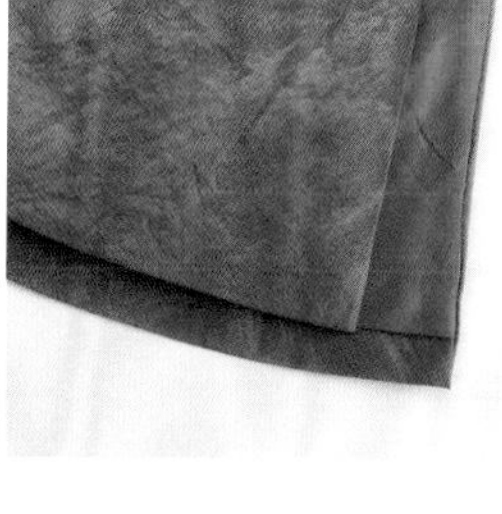

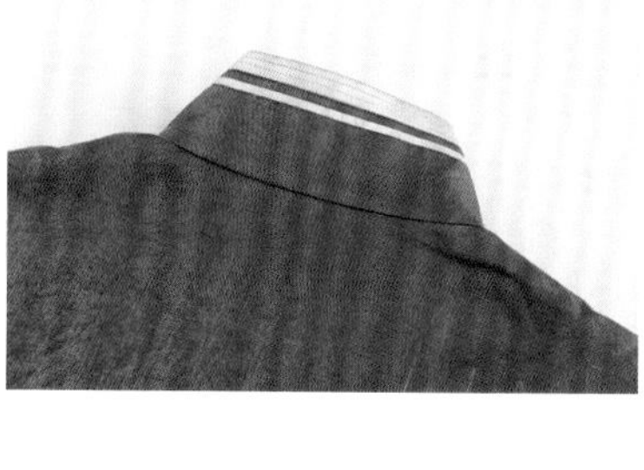

03 锦缎礼服裙

04 波点连衣裙

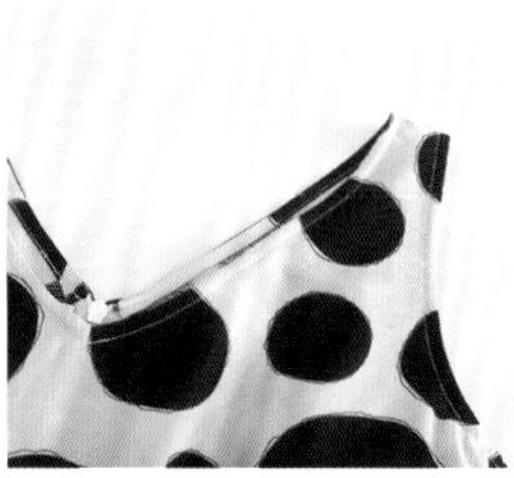

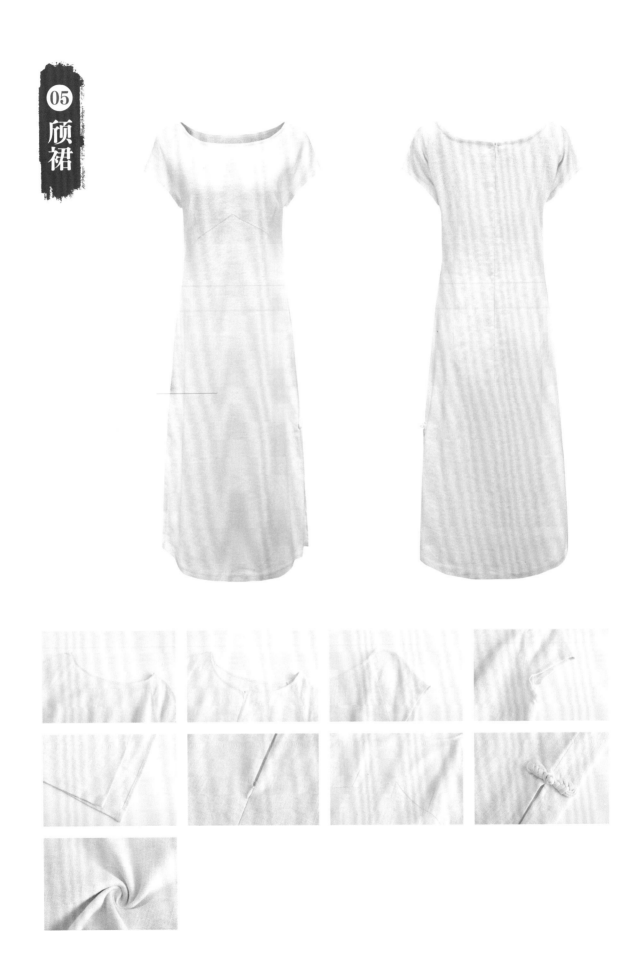

05 颀裙

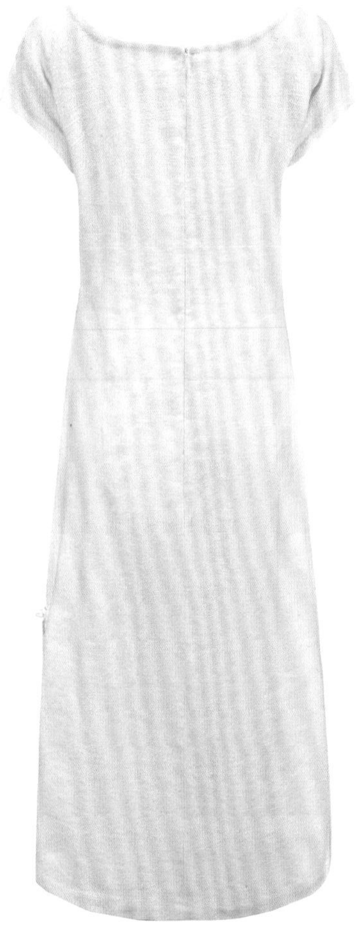

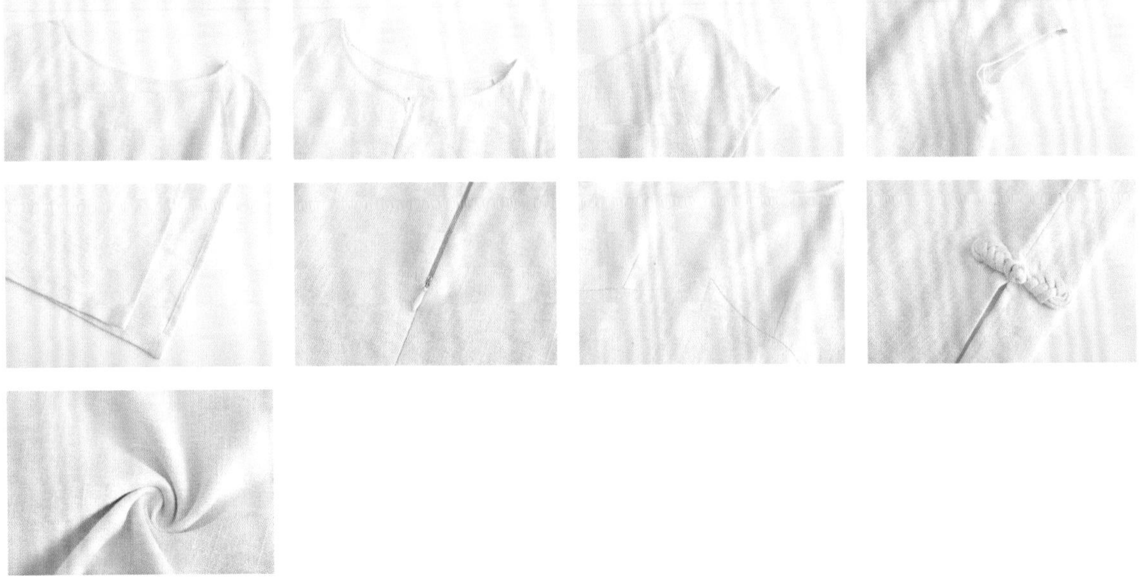

06 青花小冠

07 龙凤喜袄

08 蓝麻手绘裙袄

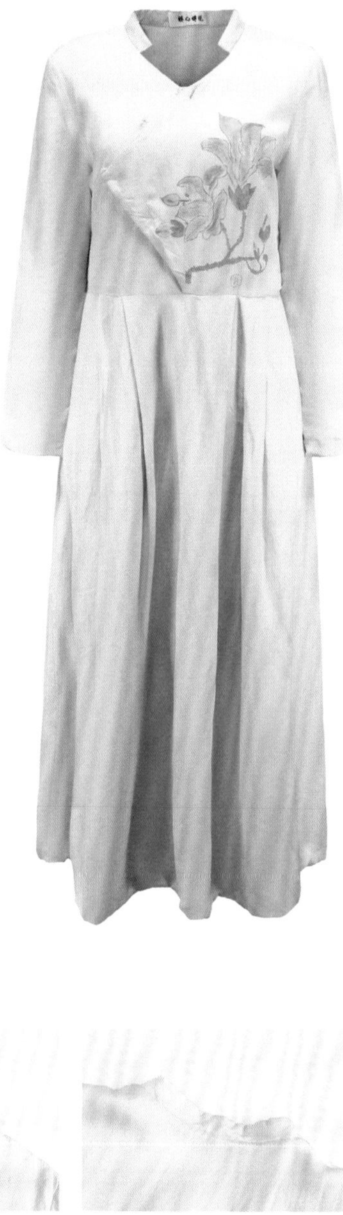

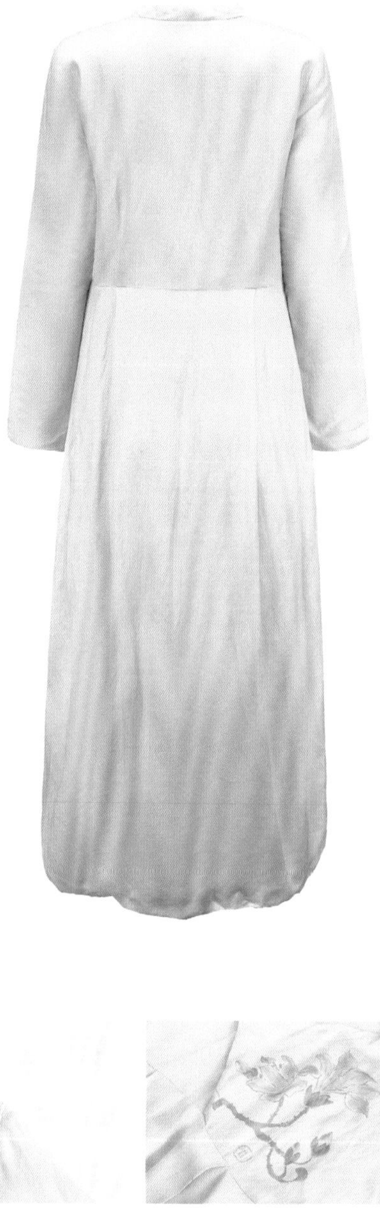

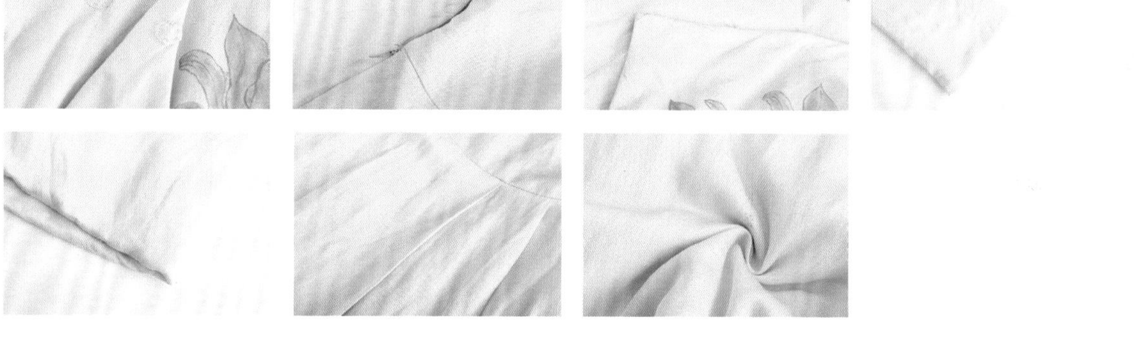

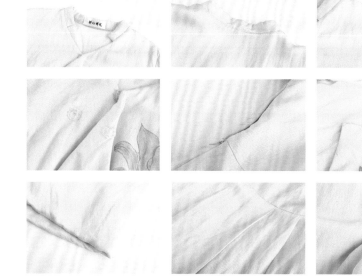

09 丝绒艺术长袄

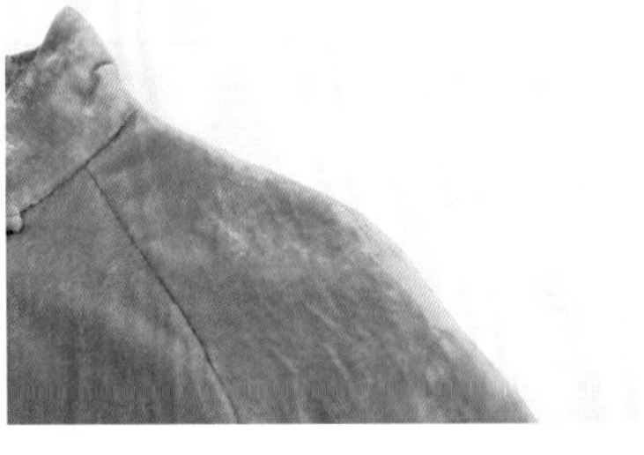

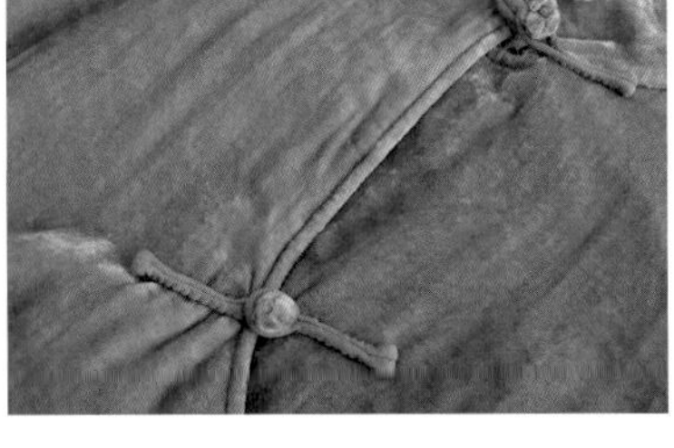

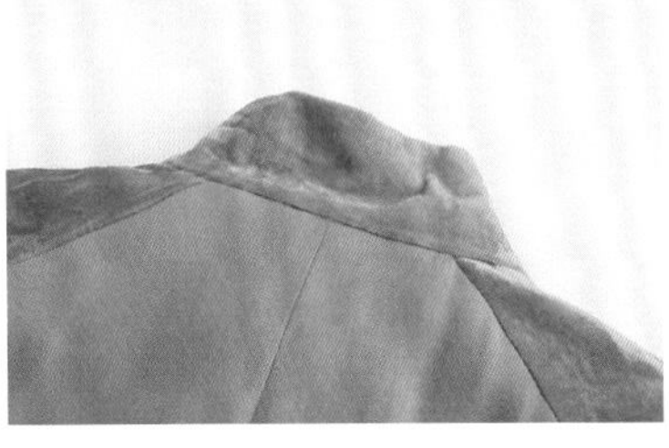

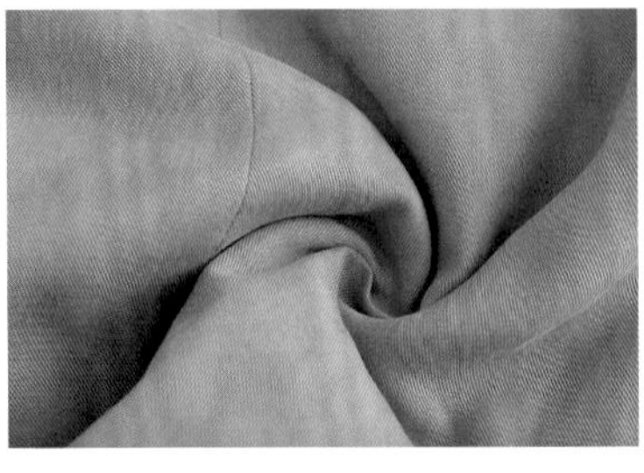

10 手绘玉兰袄裙

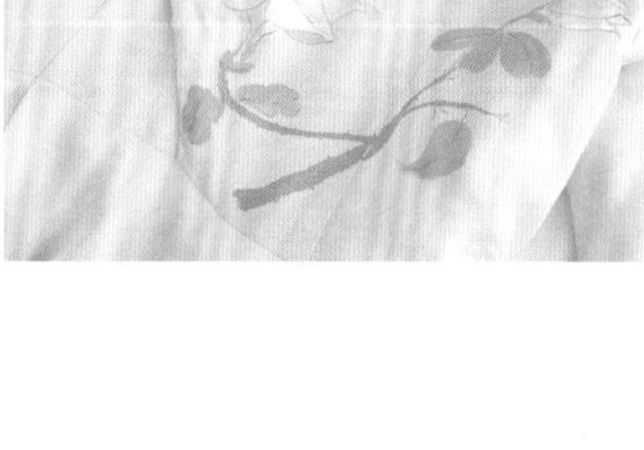

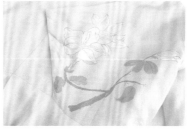

11 拼布艺术小冠

⑫ 双扣佩囊

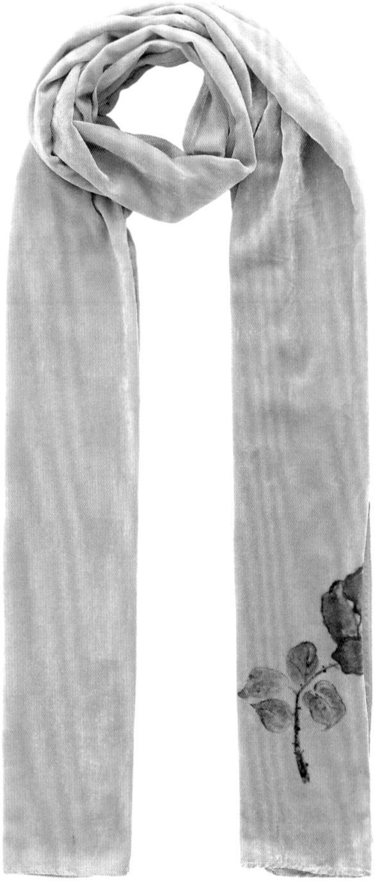

第二章 噫嘻

01 紫麻龙华

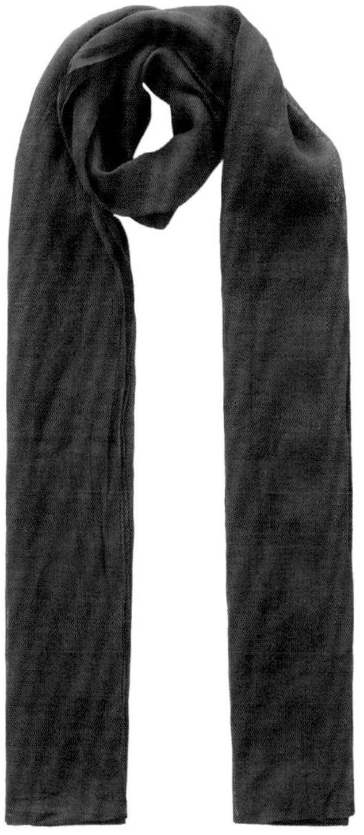

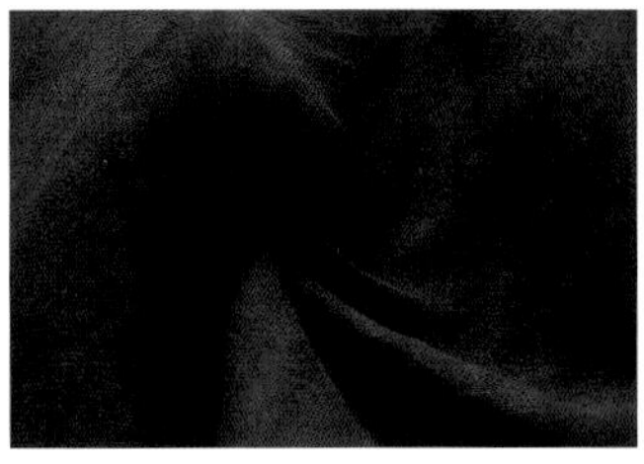

02 雀归龙华

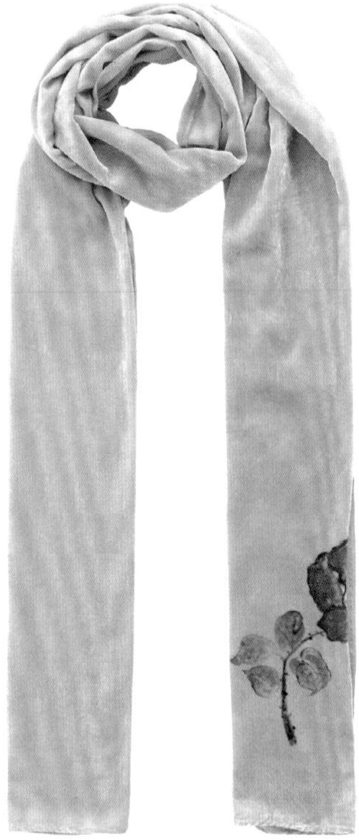

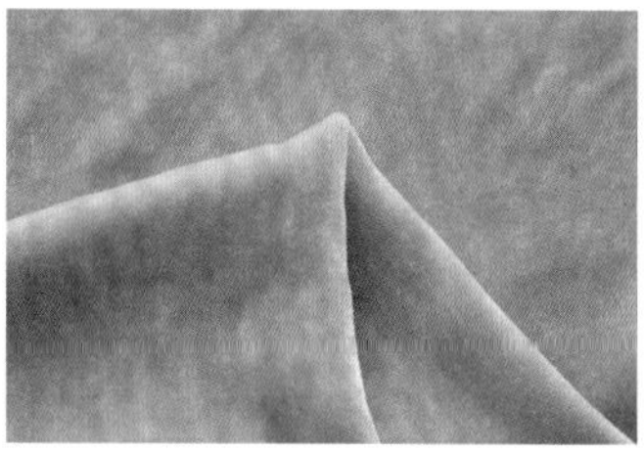

03 百合花麻龙华

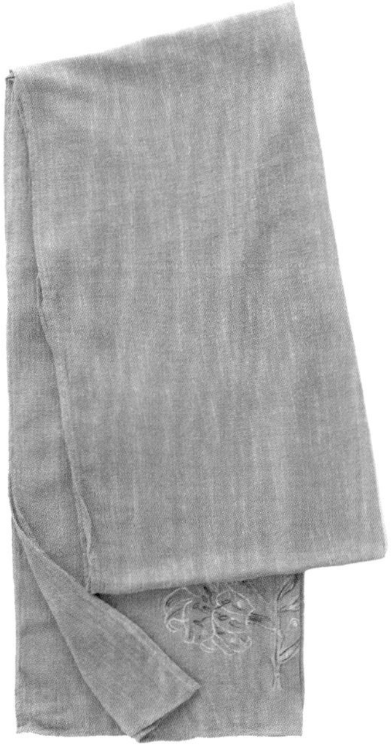

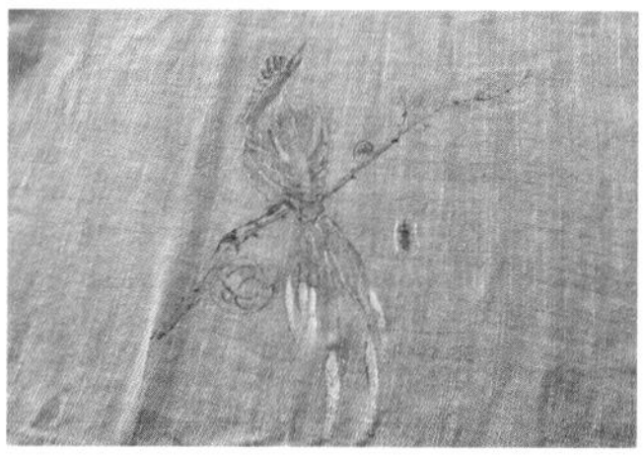

04 丝缎龙华

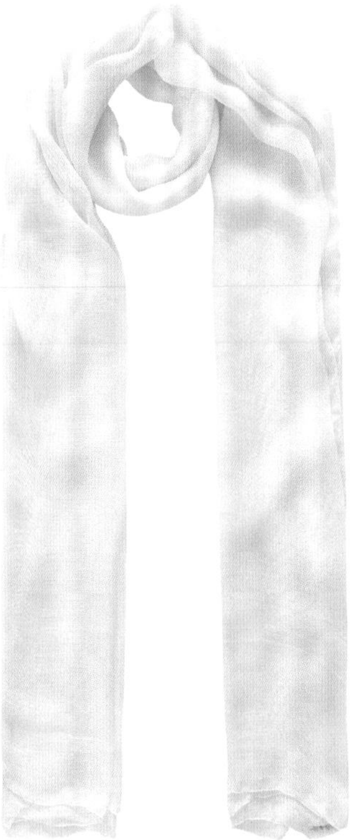

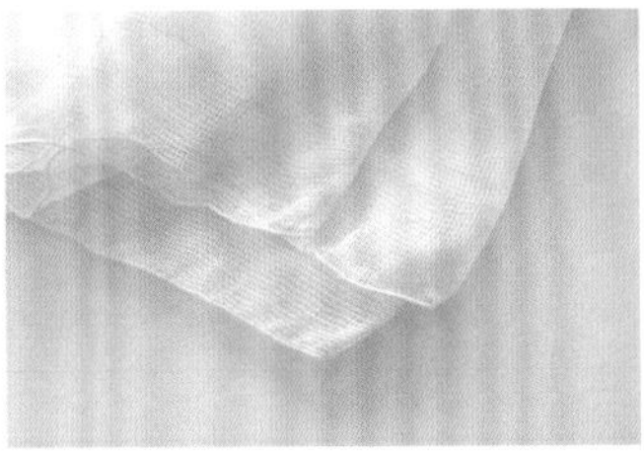

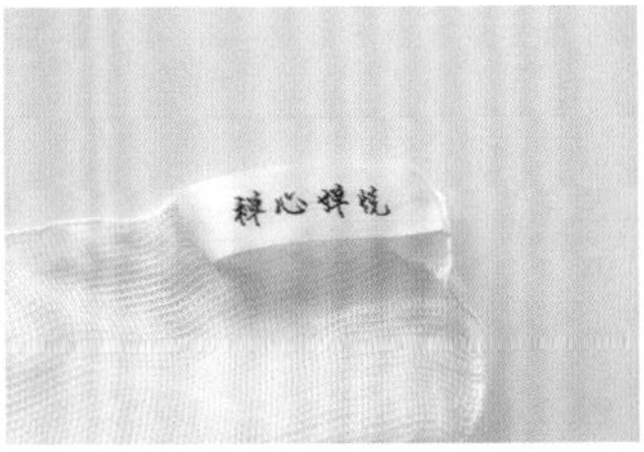

05 粉女龙华

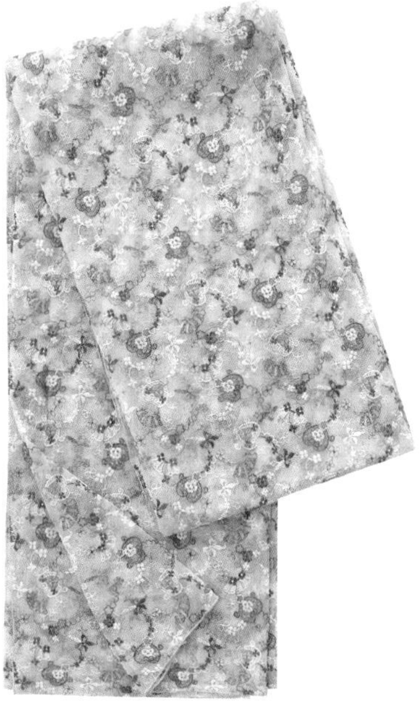

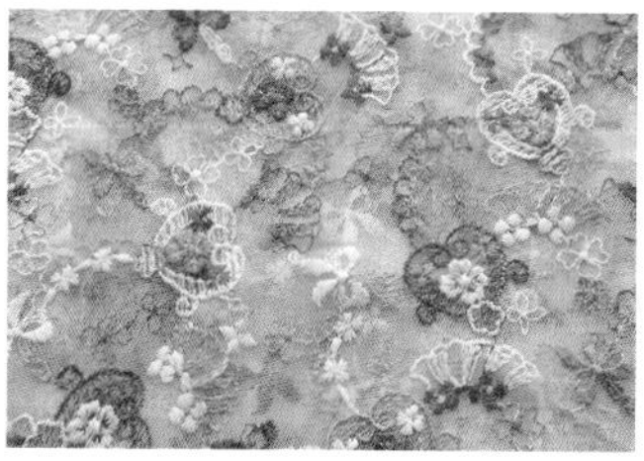

第三章　有女同车

01 老布镶拼一步裙

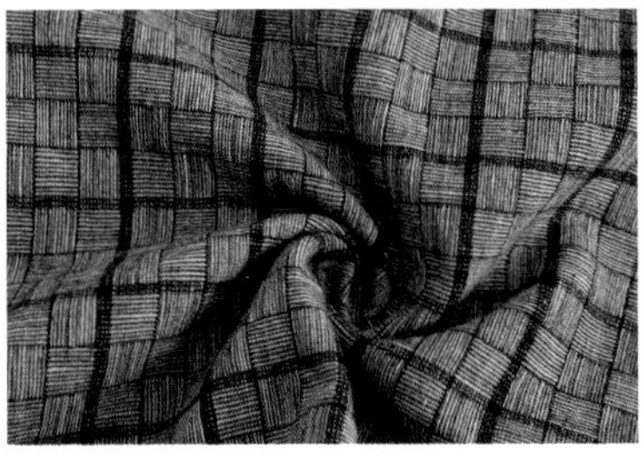

02 紫麻裙

03 蓝土布镶拼裙

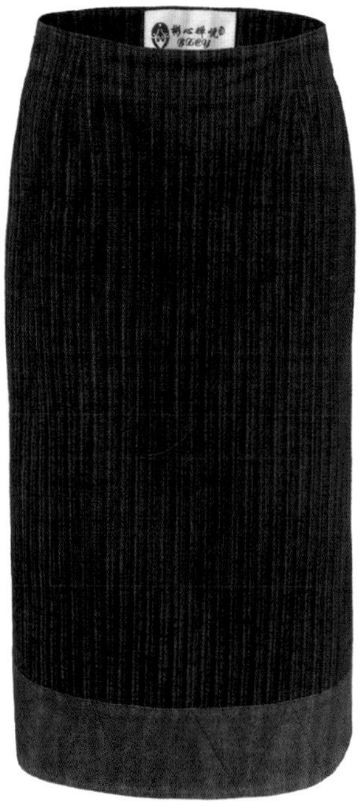

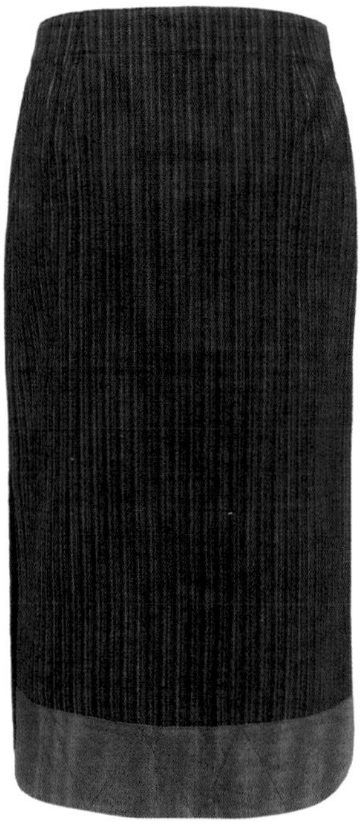

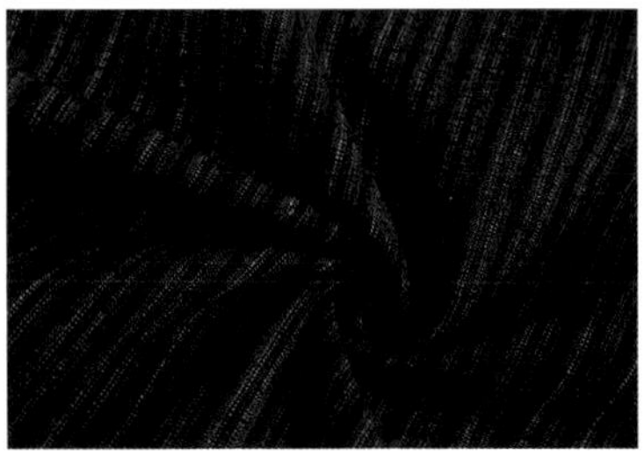

04 西域风包裙

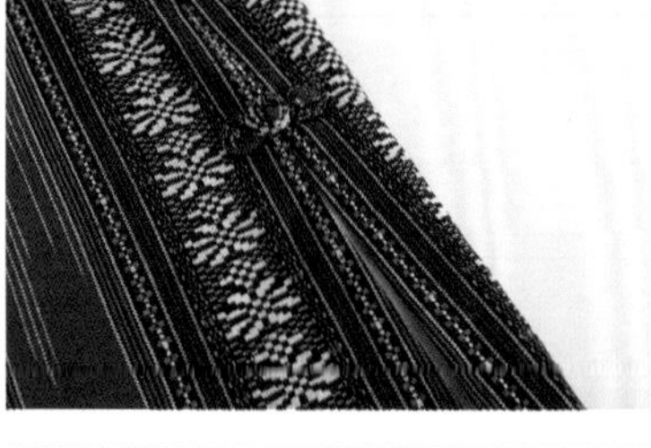

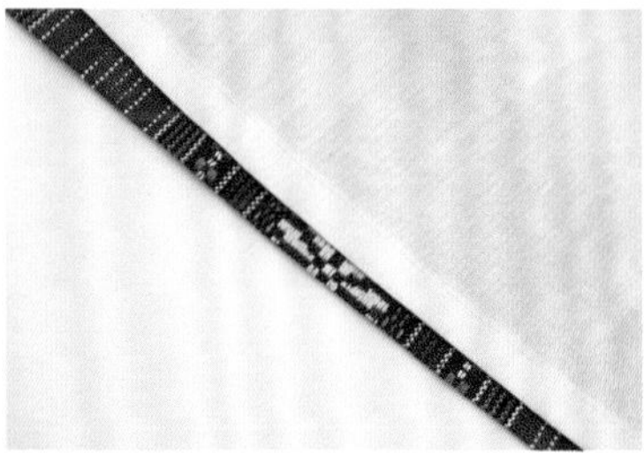

05

粉色半身秀裙

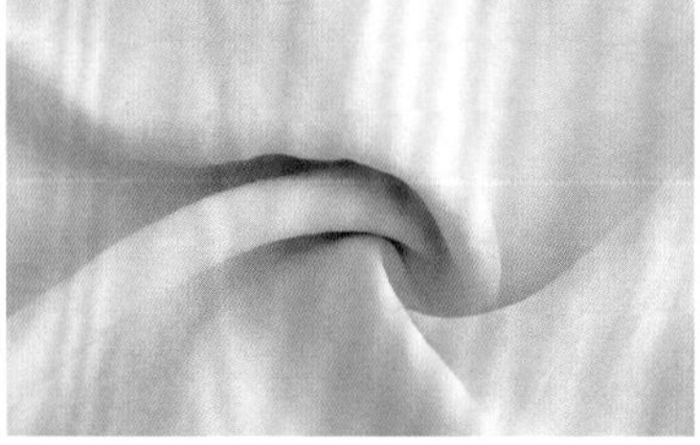

06 手绘冬青艺术连衣裙

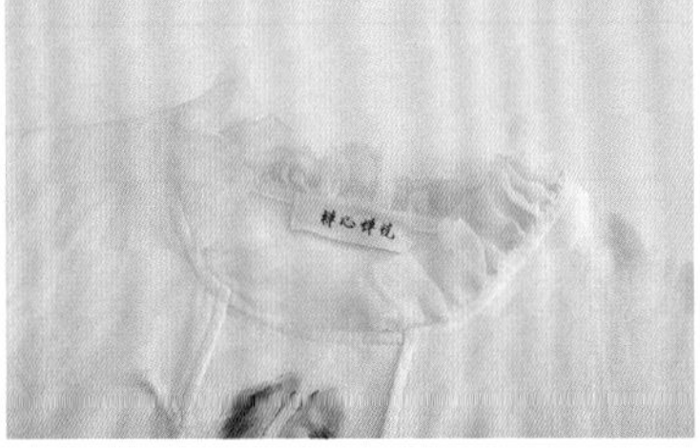

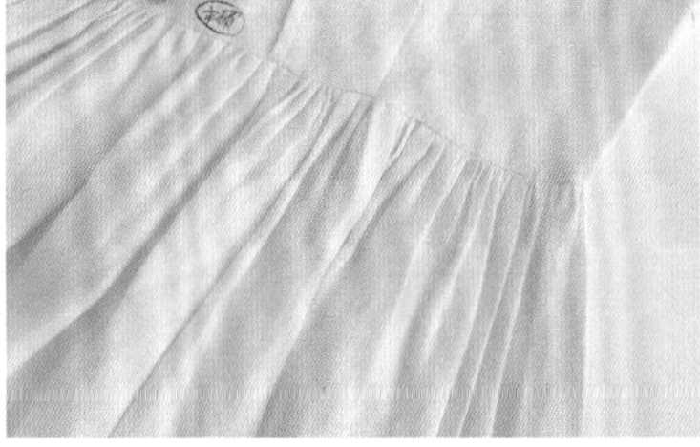

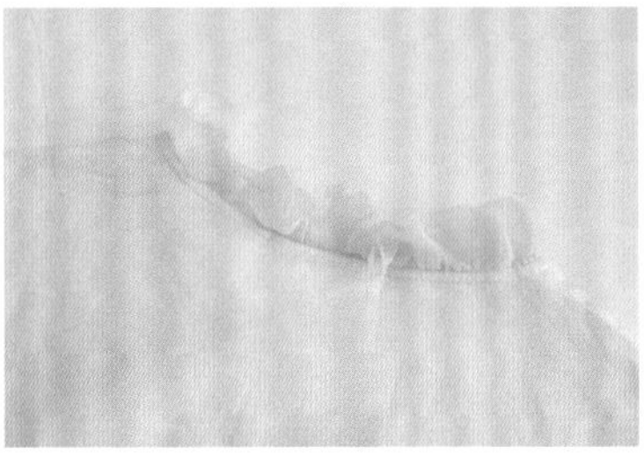

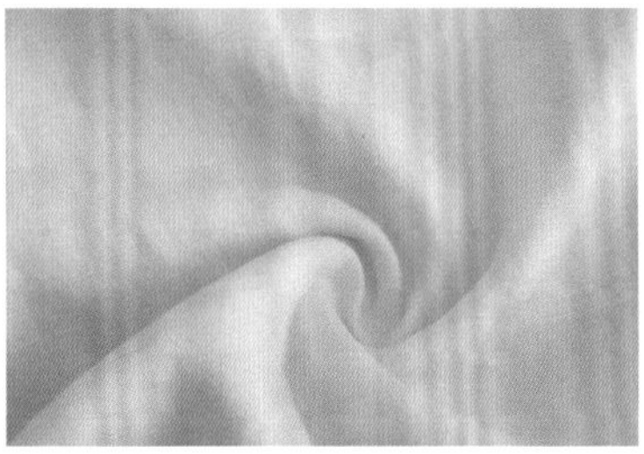

第四章　羔裘

01 紫色鱼尾羽绒长裙

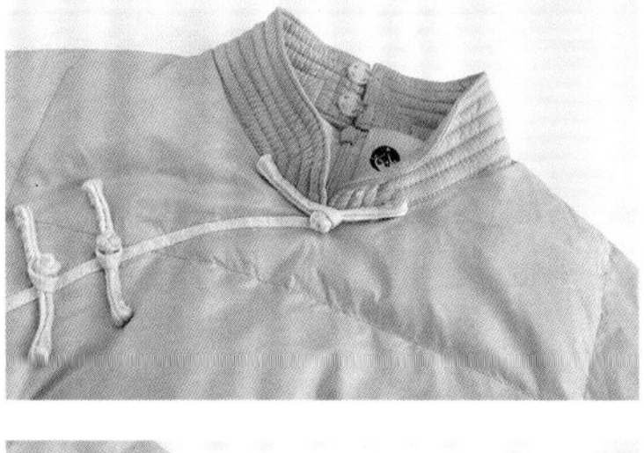

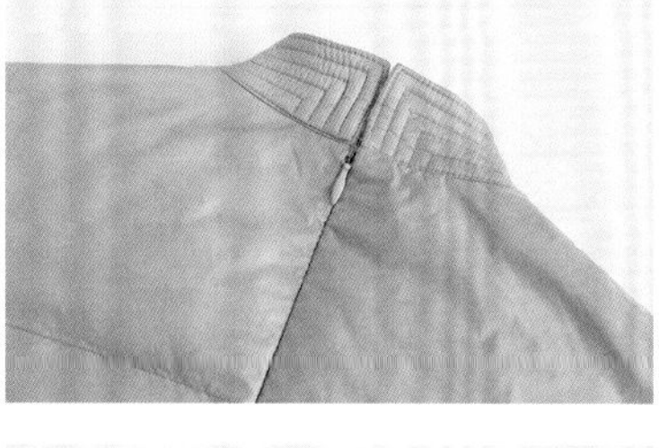

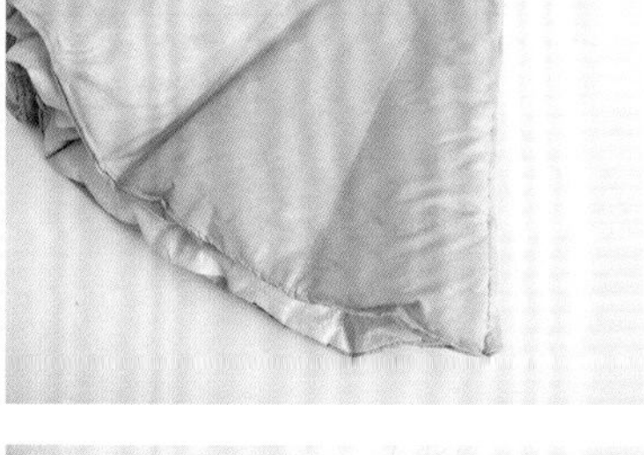

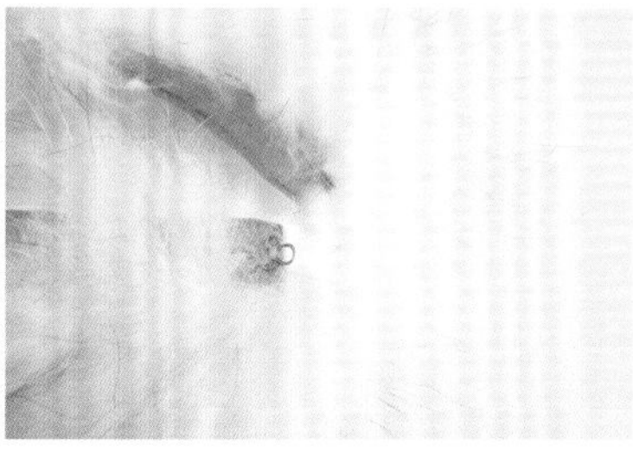

02 紫坎肩

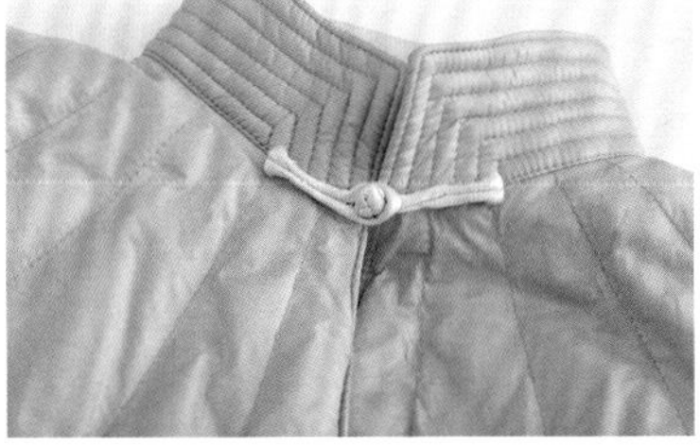

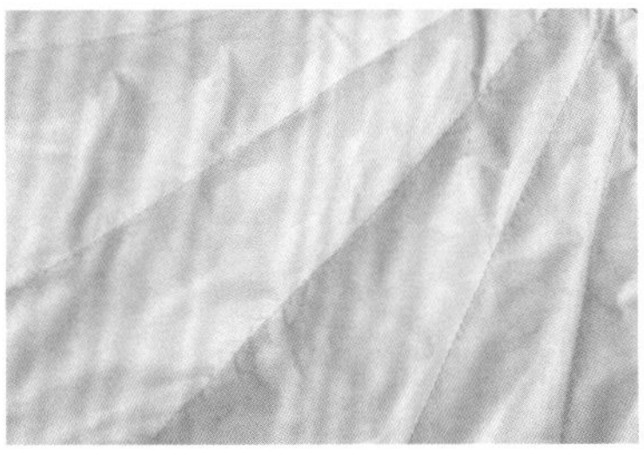

03 贴花紫秀羽绒旗袍

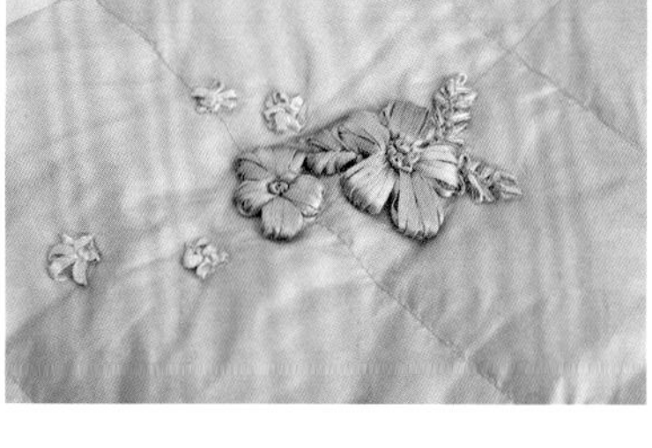

04 黑白羽裘

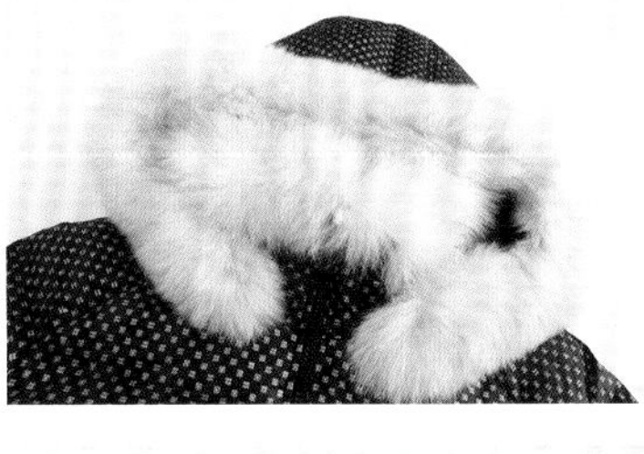

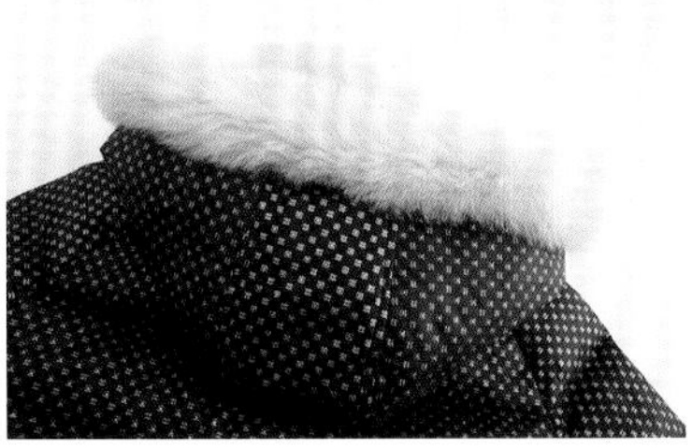

05

黄领裘

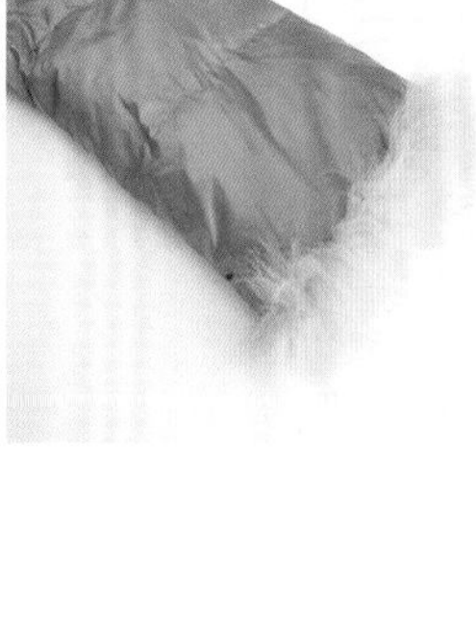

06 蓝裘

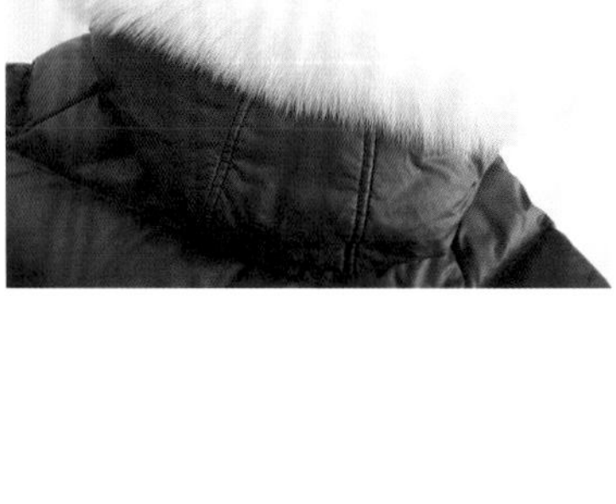

07 蒙古风长袄裘

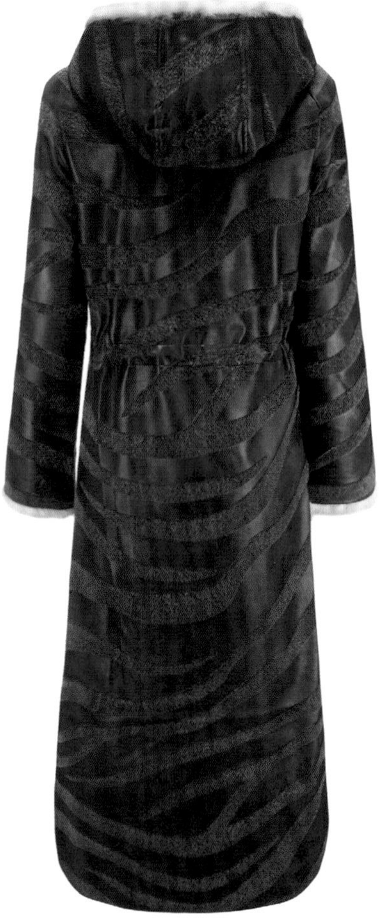

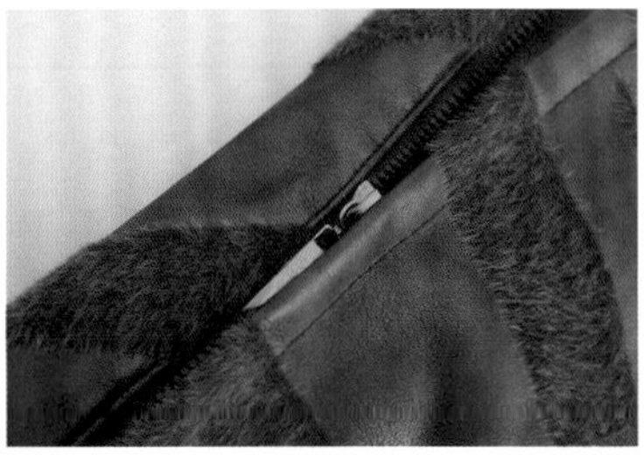

08 粉蓝色羽绒长袄裙

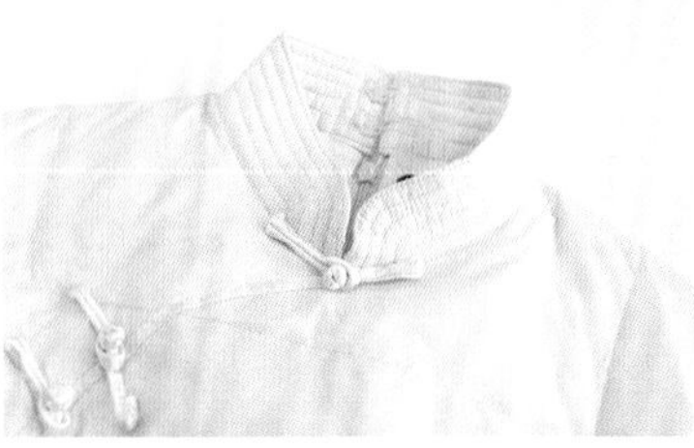

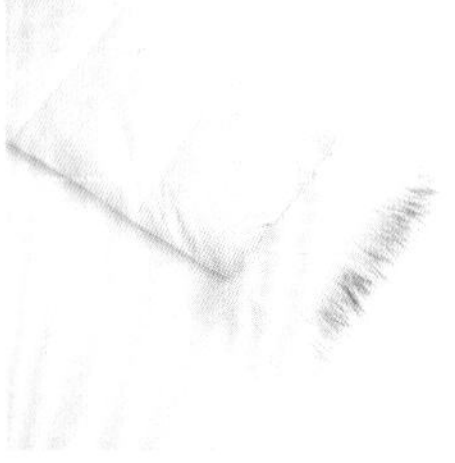

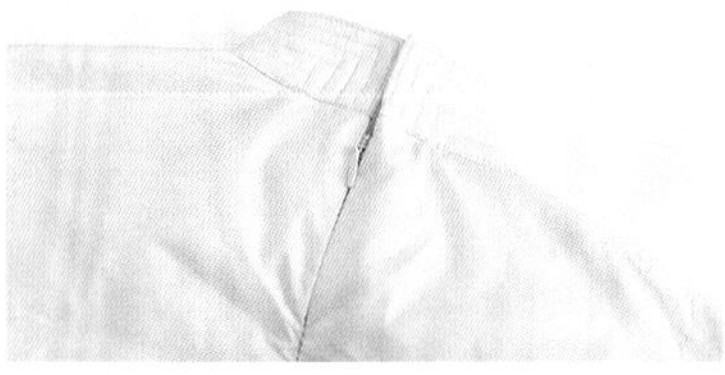

09 豹纹裘

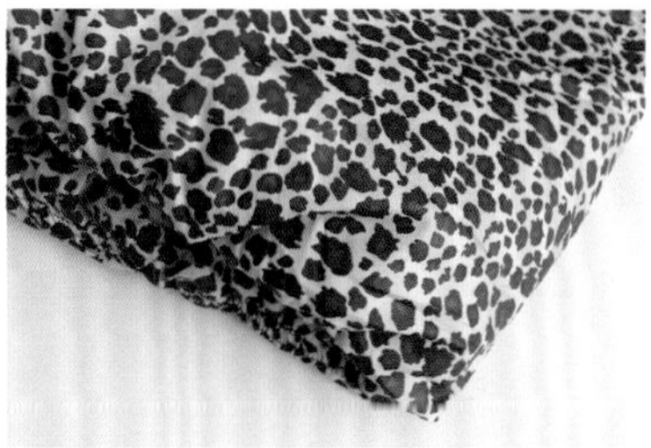

10 黑俏裘

第五章　山有扶苏

01 星星图长裤

02 灰格土布长裤

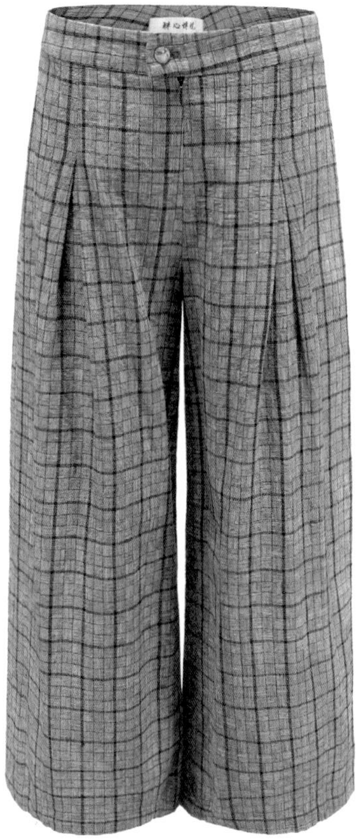

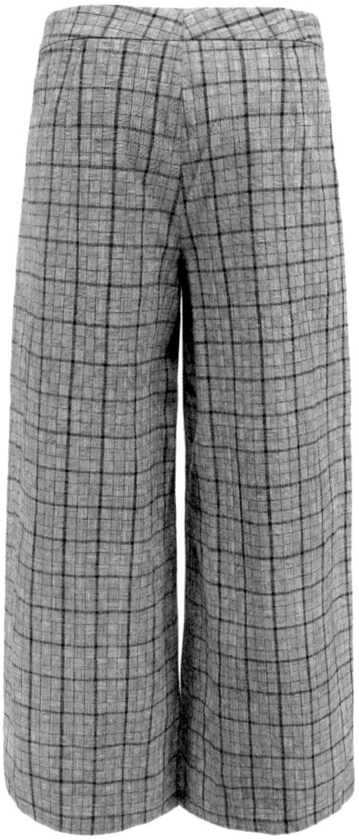

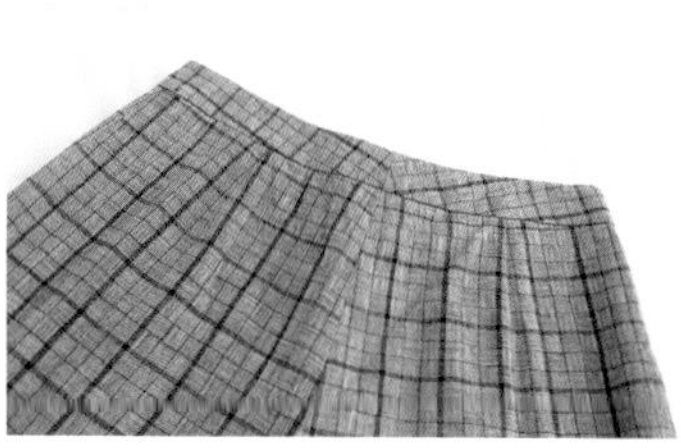

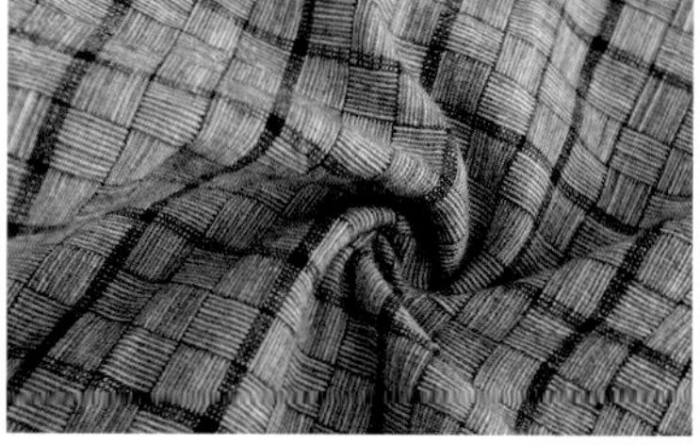

03 咖啡格子土布长裤

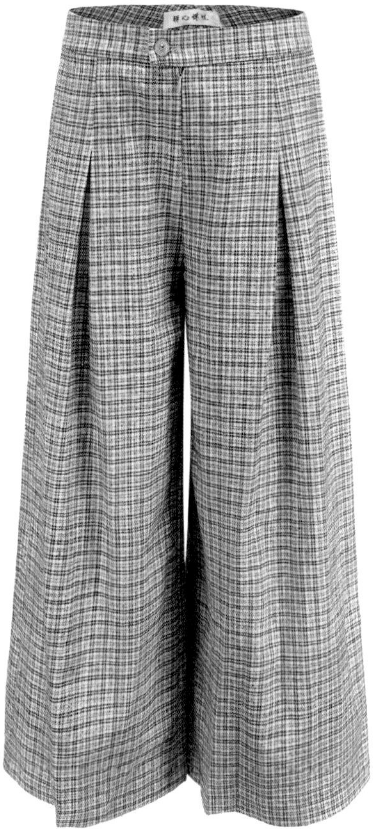

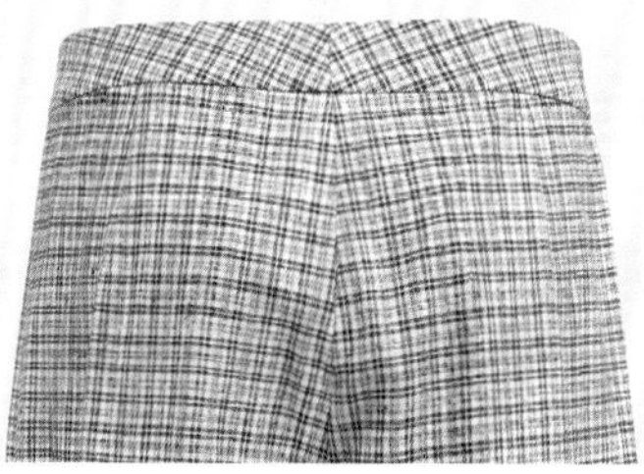

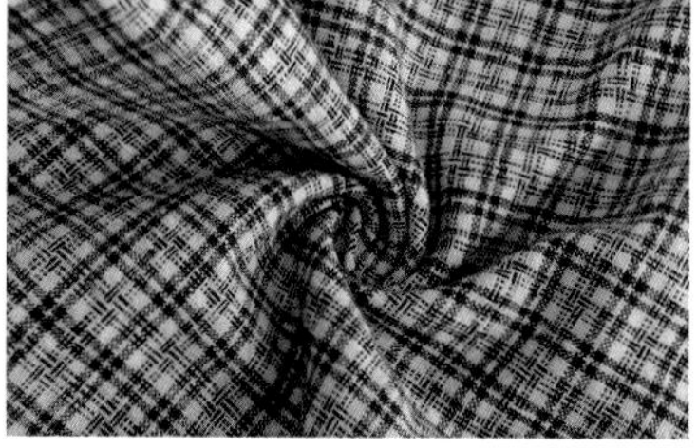

04 蓝土布镶拼长裤

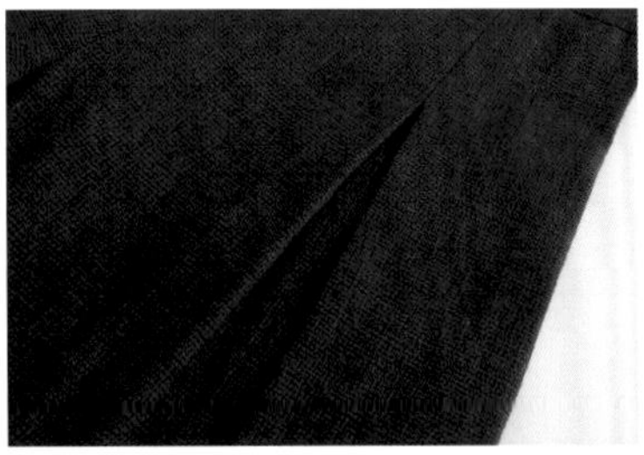

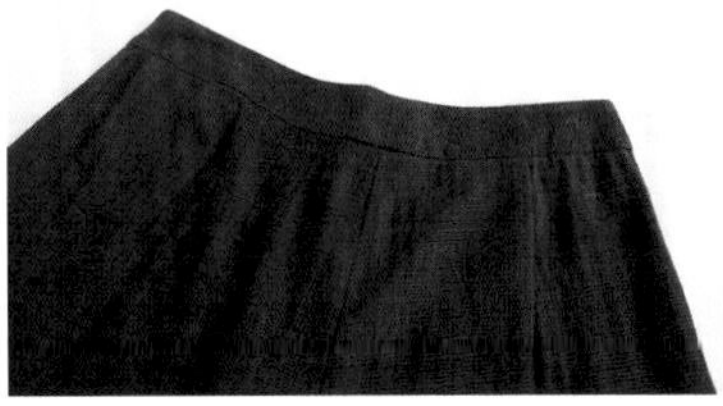

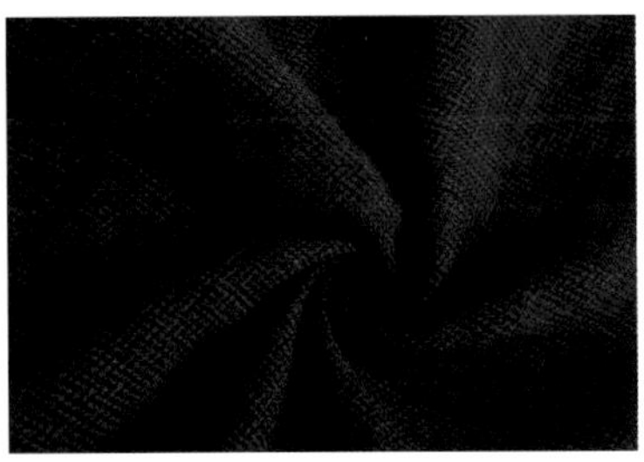

05 龙凤花缎面长裤

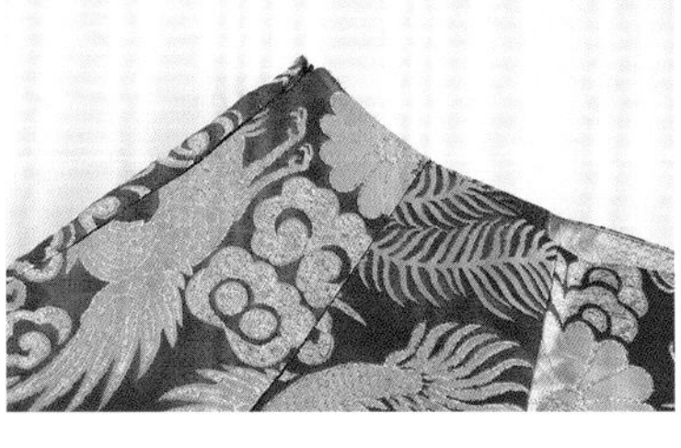

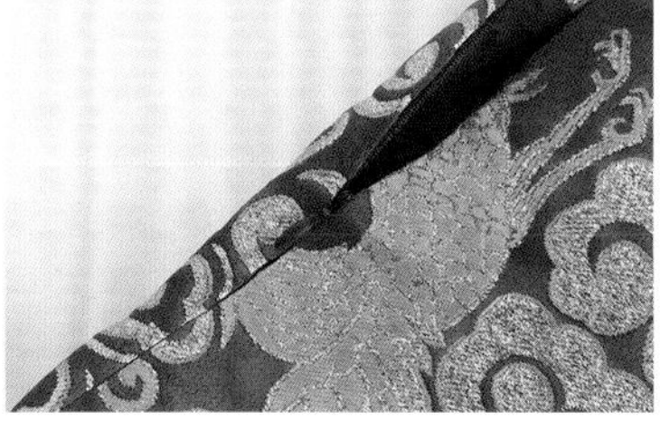

06 苗布手绘艺术长裤

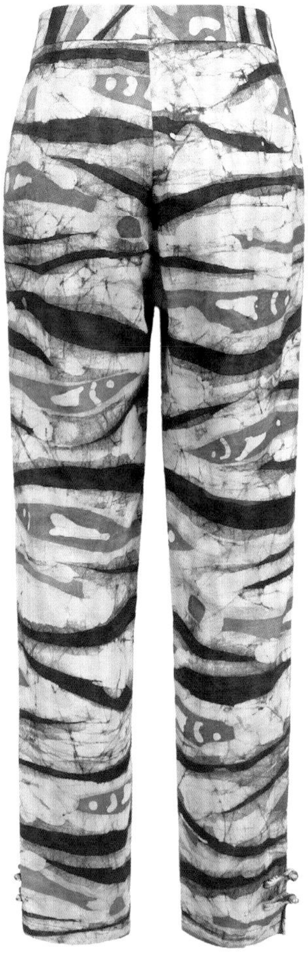

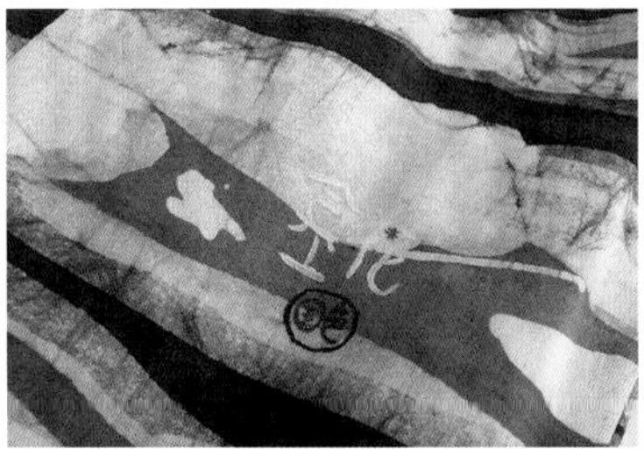

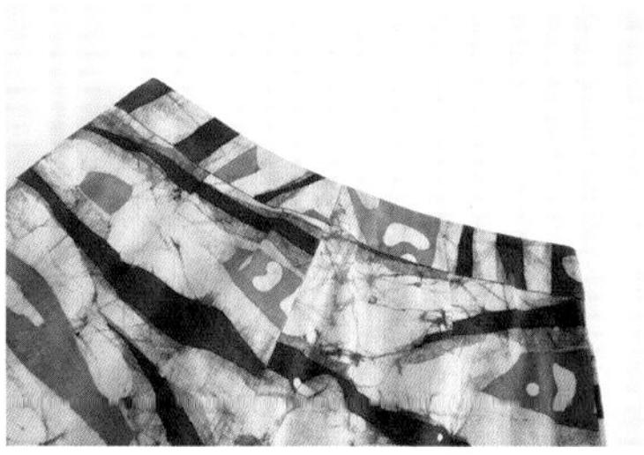

07 蓝格子土布长裤

08 麻布短打靴裤

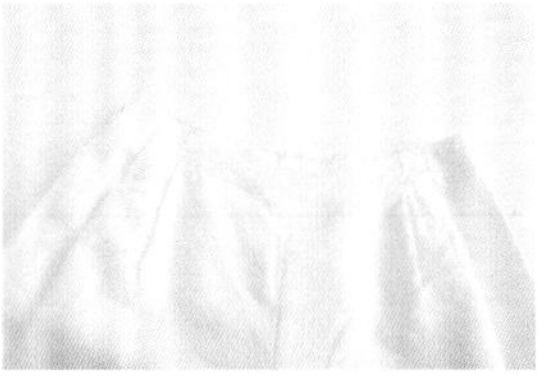

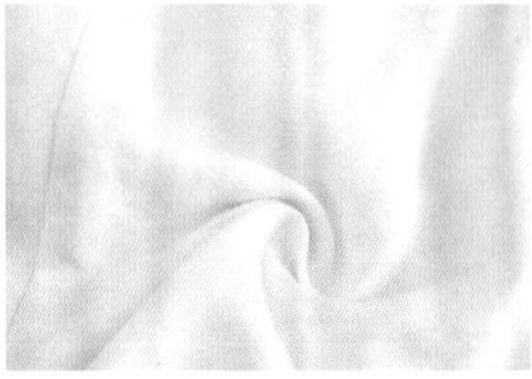

第六章　鹤鸣

01 蓝格土布镶拼上衣

02 改良中式红马甲

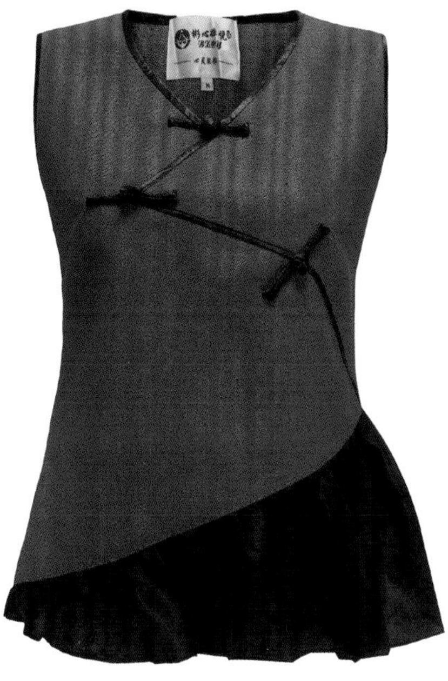

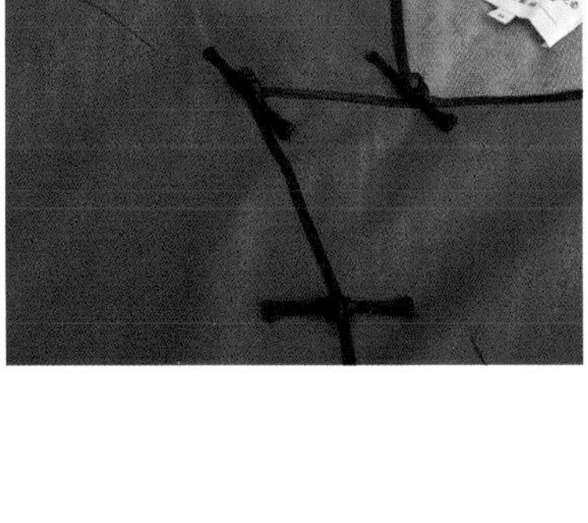

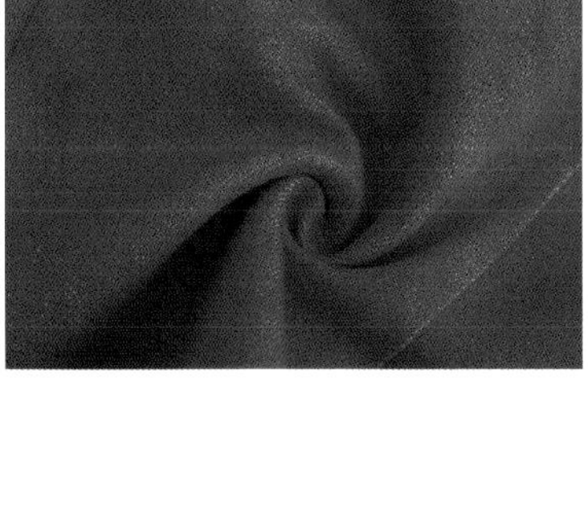

03 改良蓝色莎丽

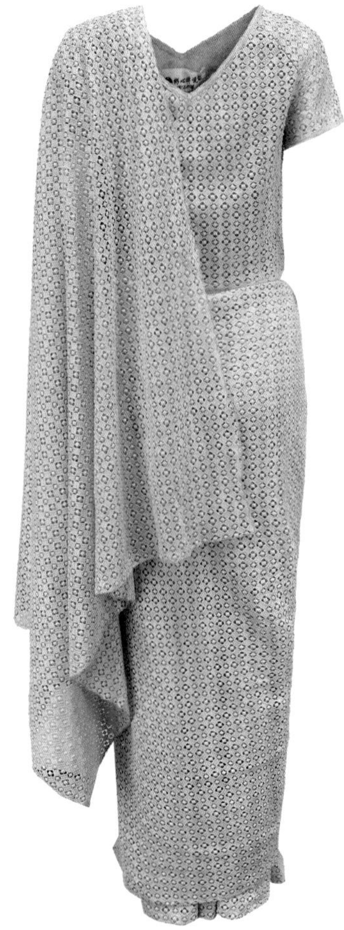

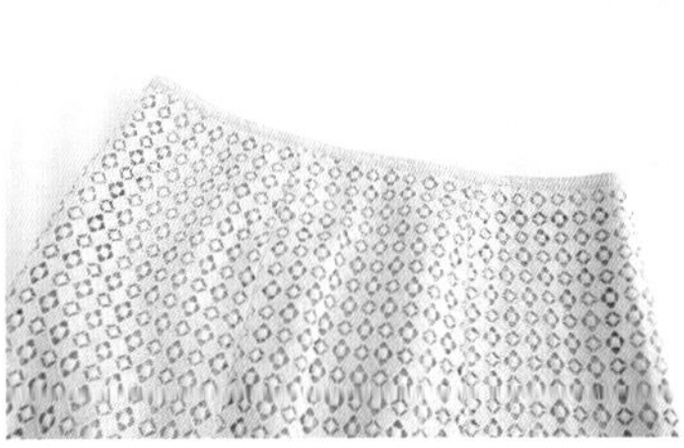

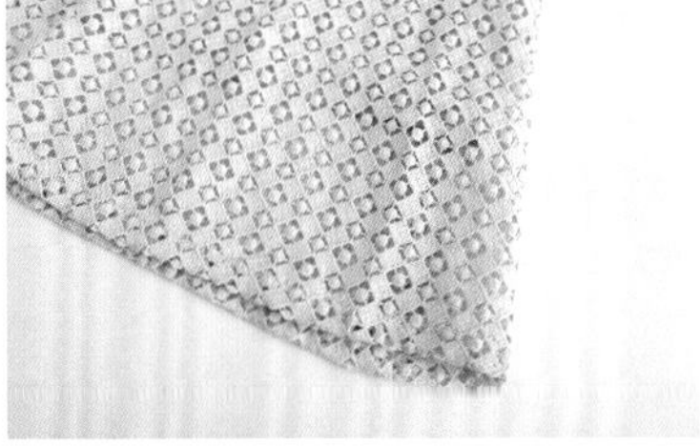

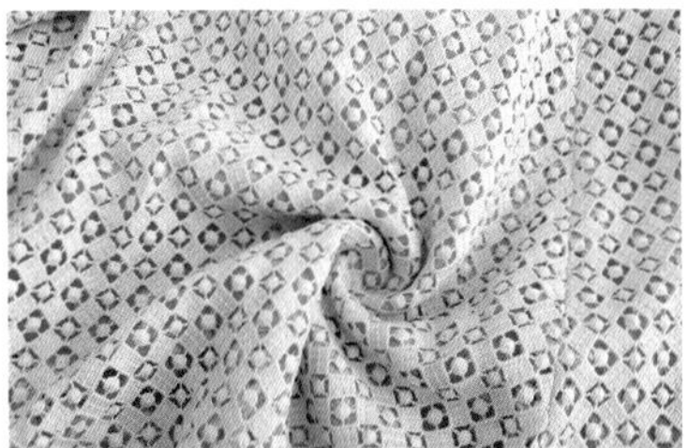

04 手绘艺术长裤

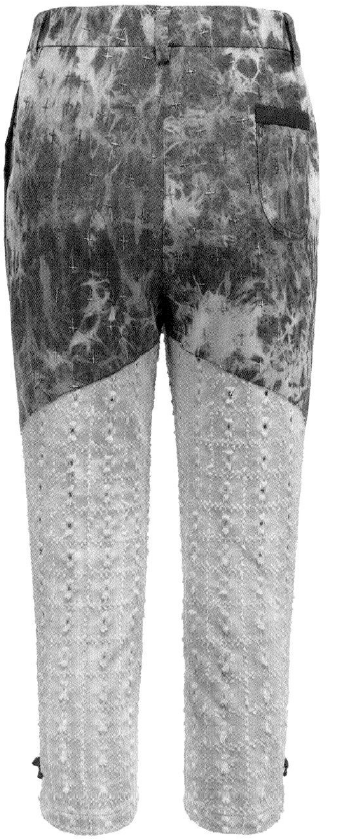

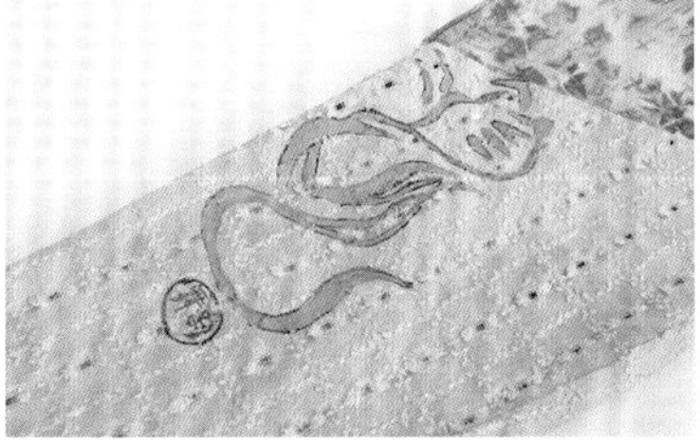
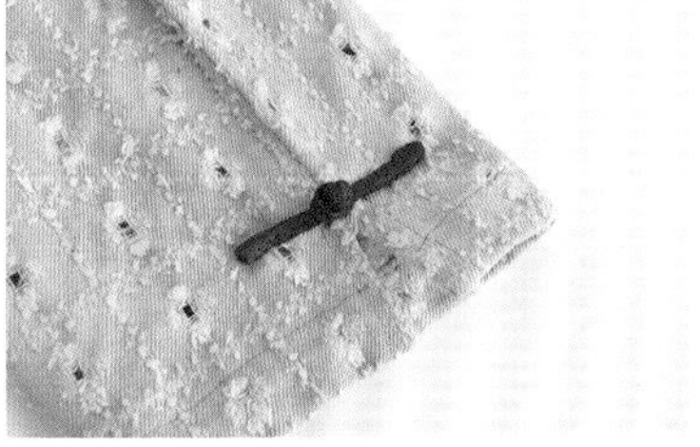

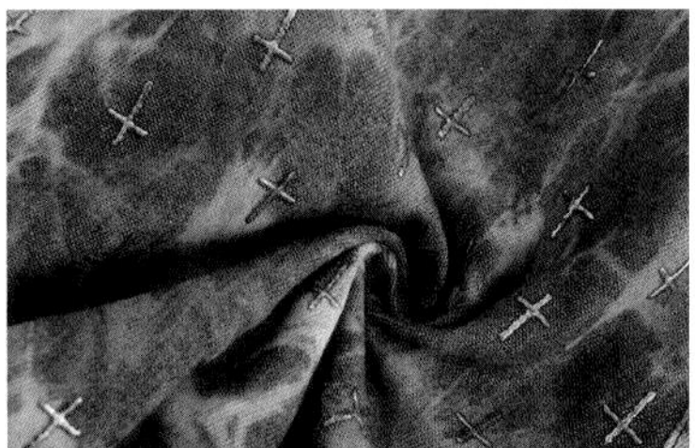

第七章　六月

01 蕾丝公主短裤

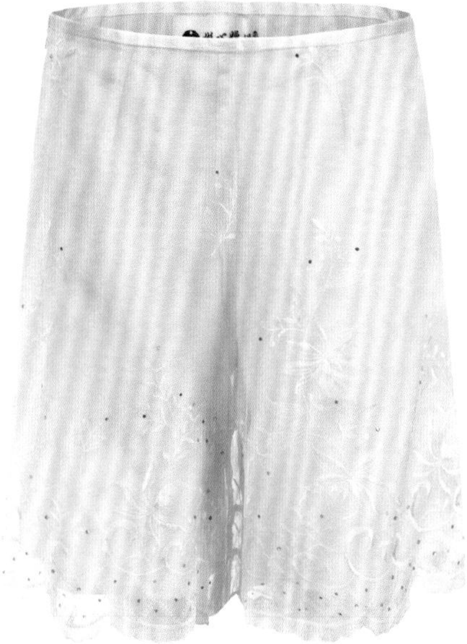

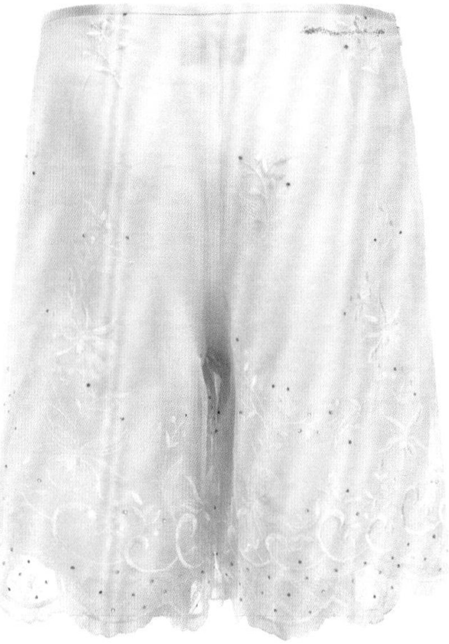

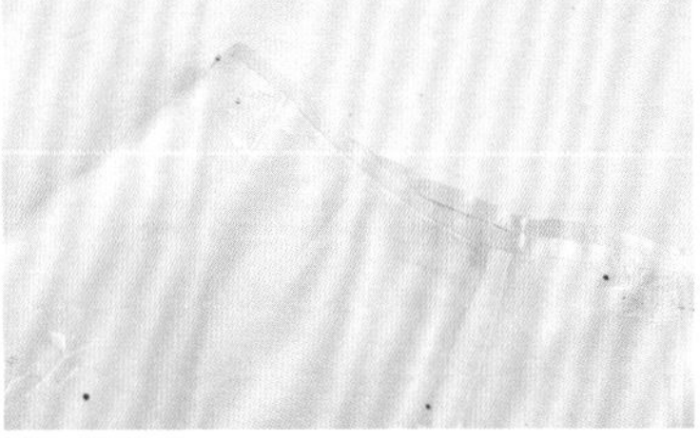

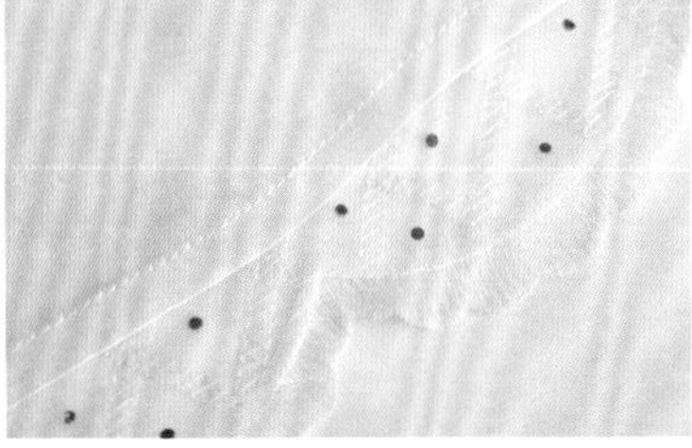

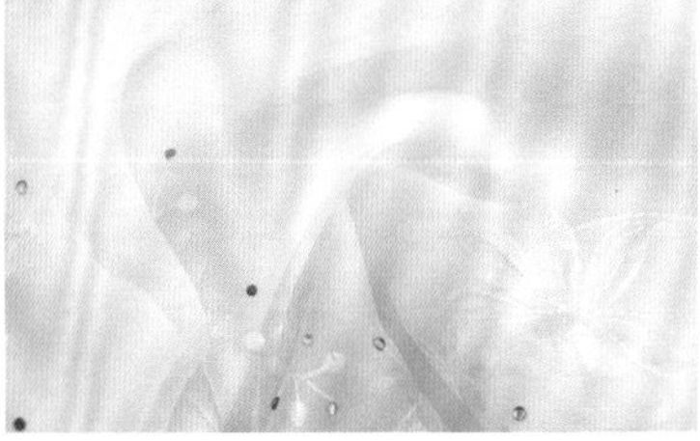

02 红色拼接短裤

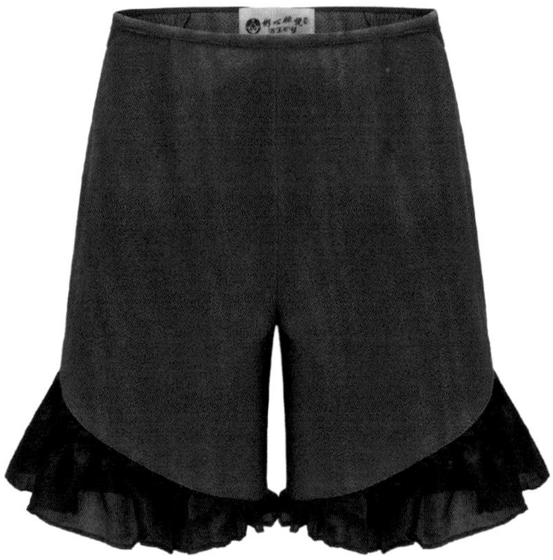

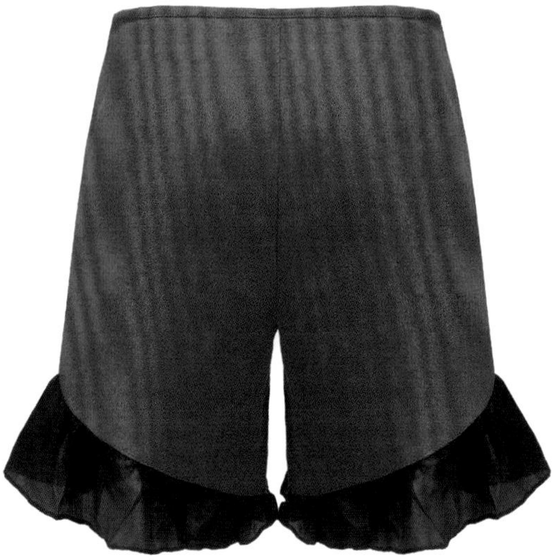

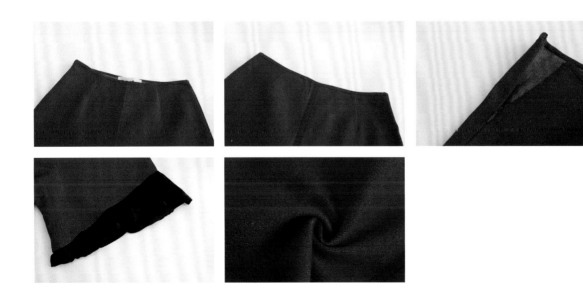

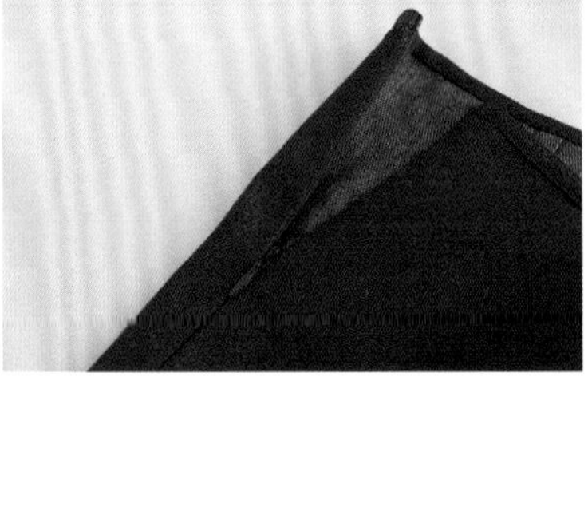

03 蓝色拼接短裤

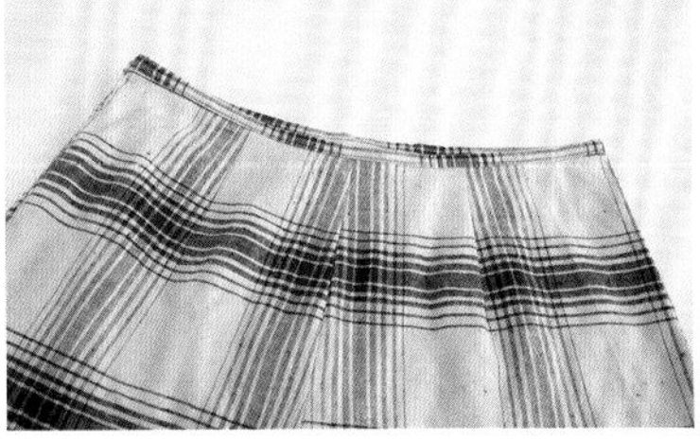

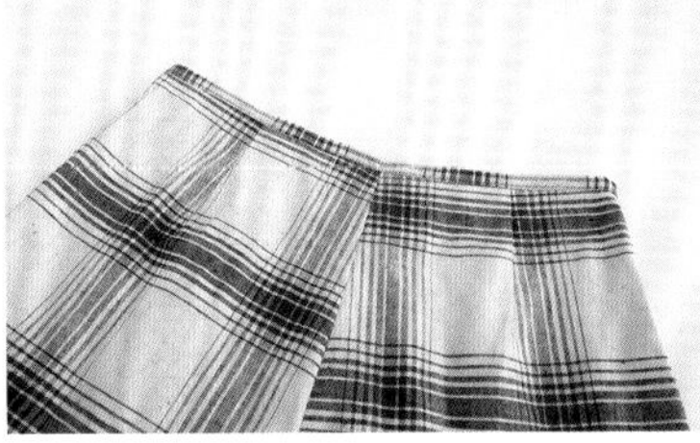

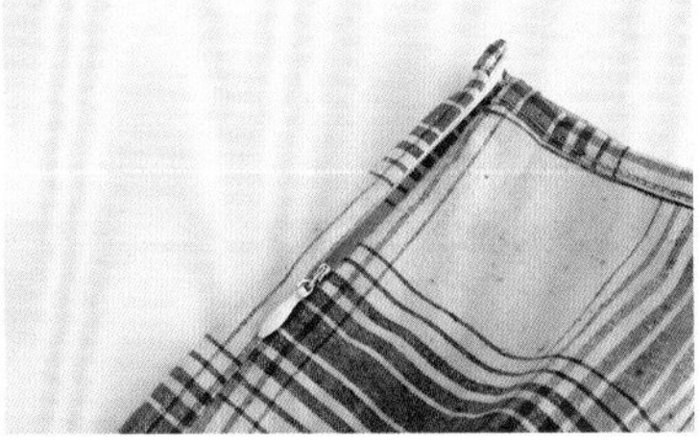

04 立体花白色短裤

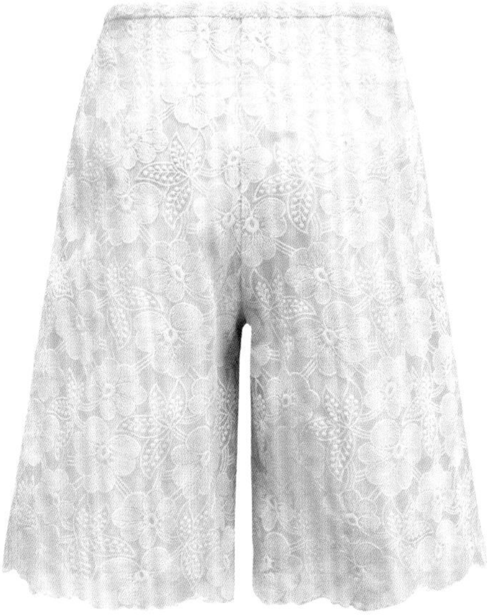

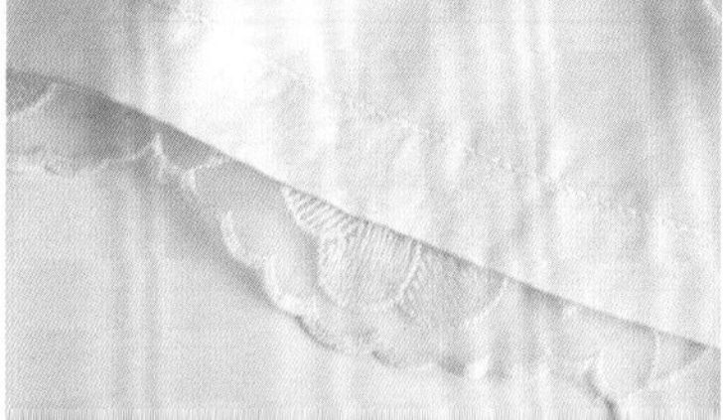

05 小黄花短裤

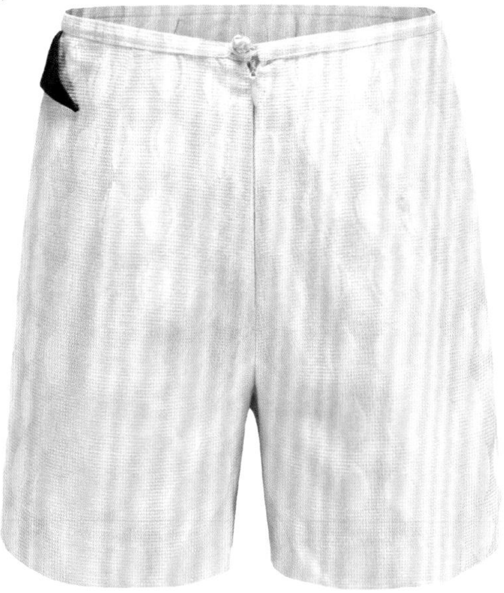

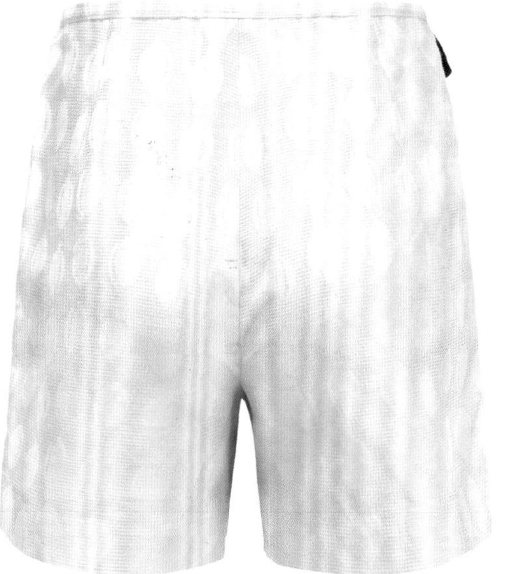

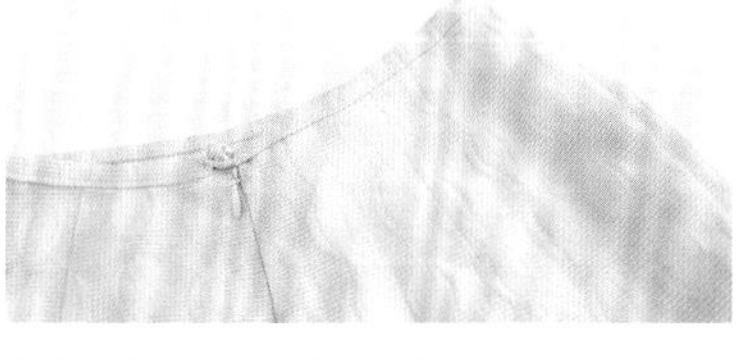

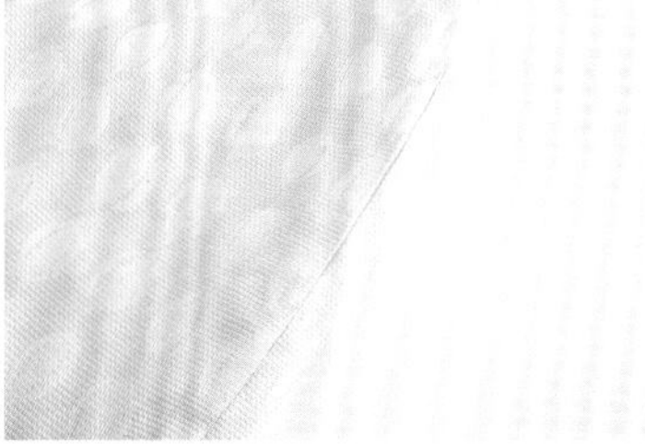

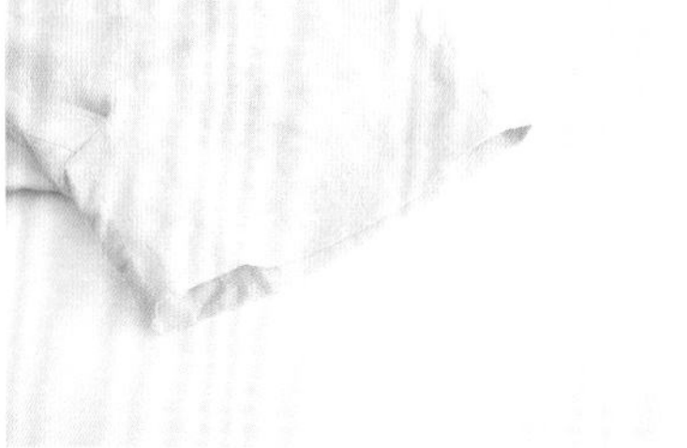

06 蓝白拼接艺术马甲

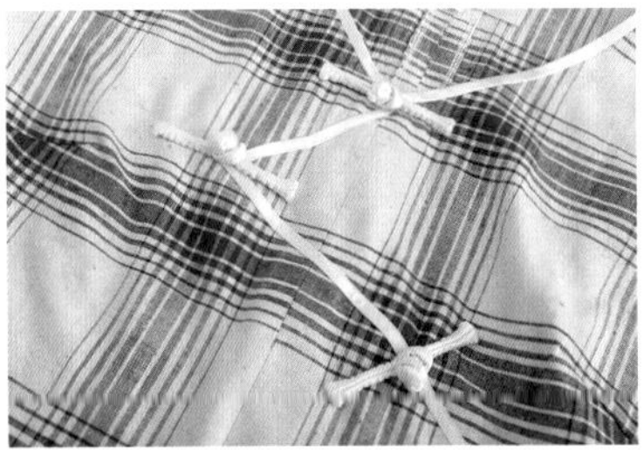

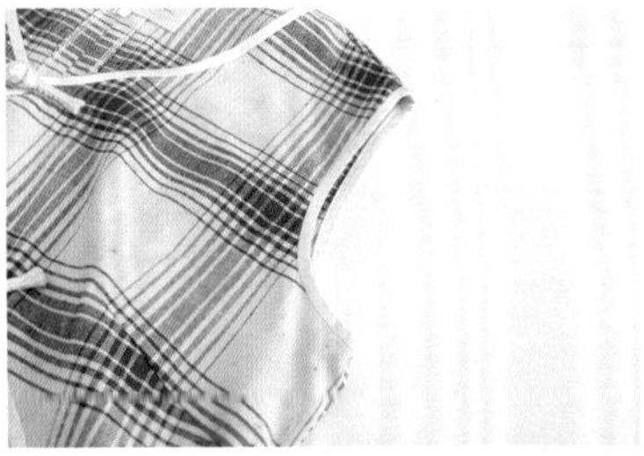

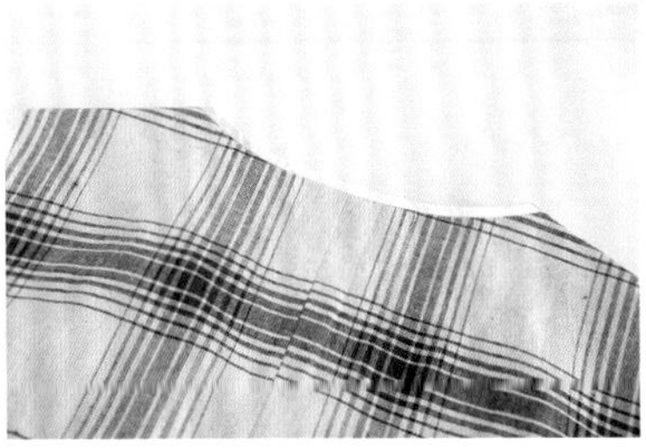

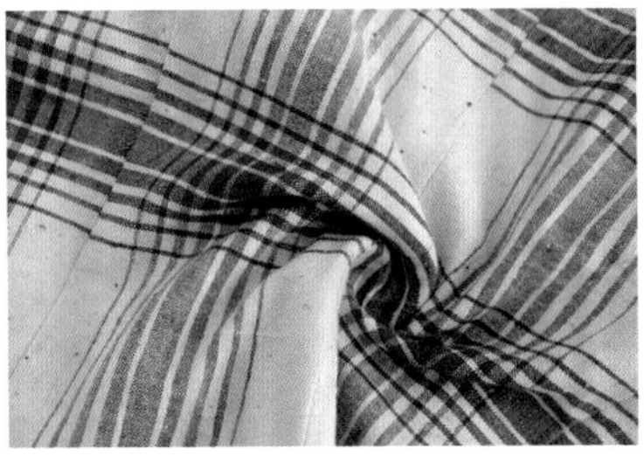

07 小黄花短袖

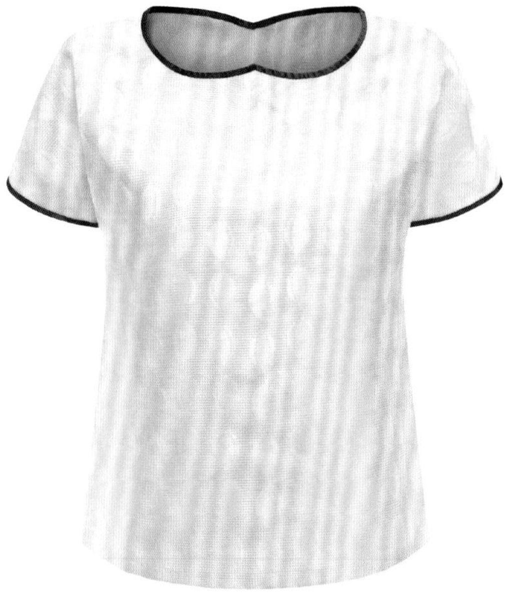

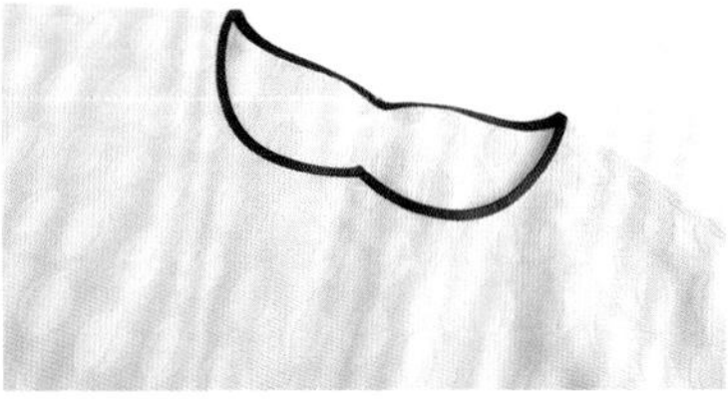

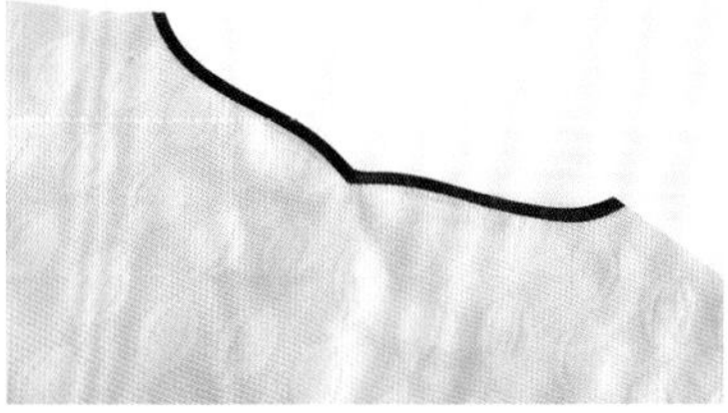

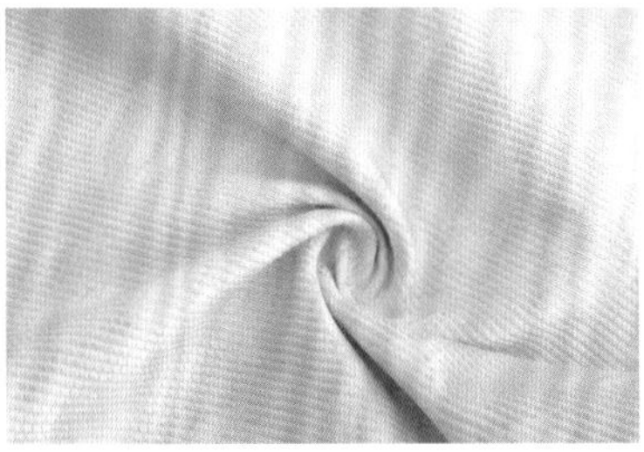

08 牛仔面料艺术斗篷

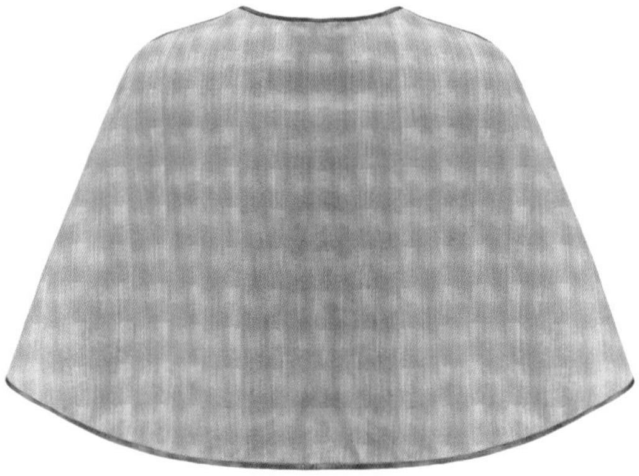

09 无袖文艺马甲

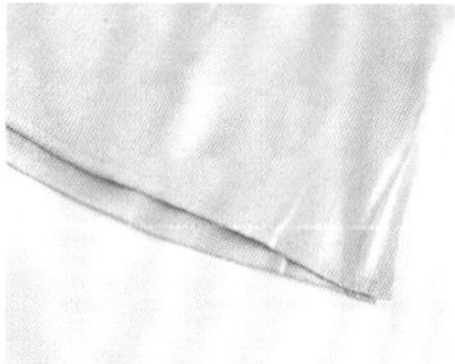

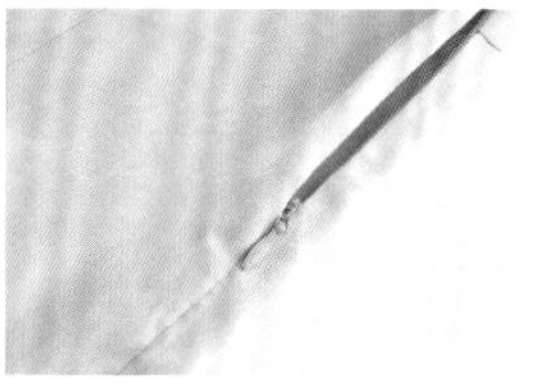

⑩ 红色拼接艺术马甲

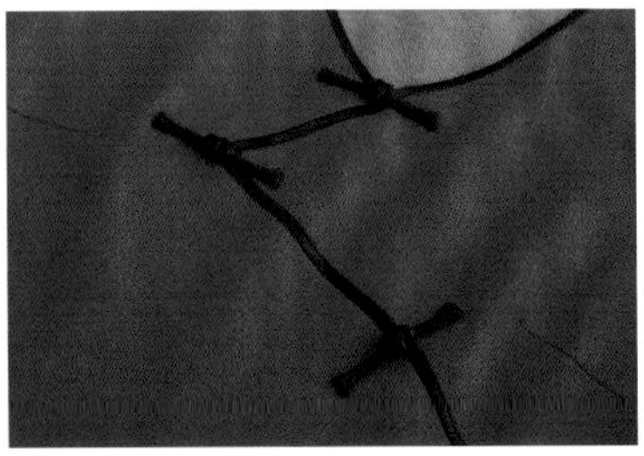

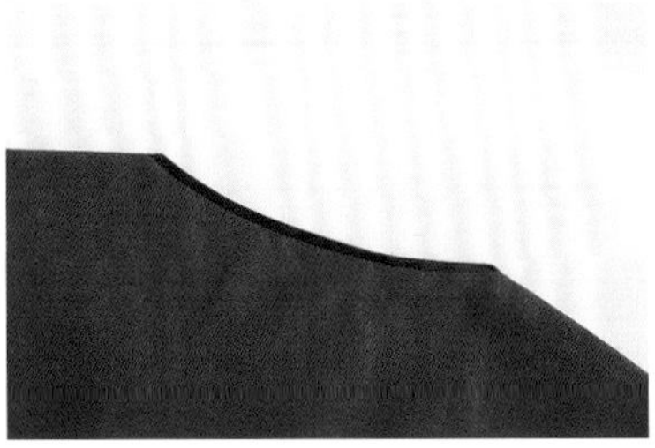

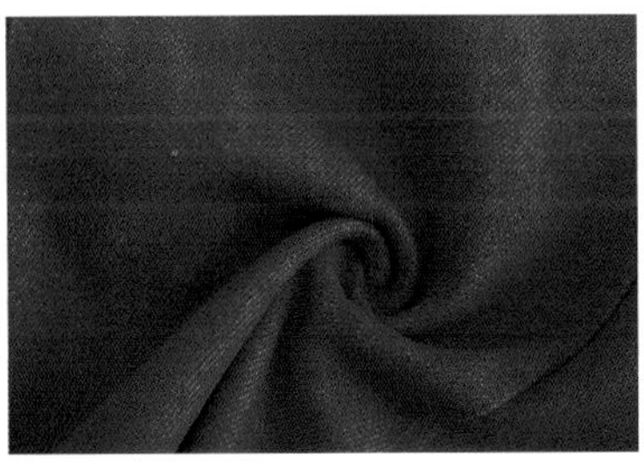

第八章　出车

01 春秋粉色薄麻夹袍

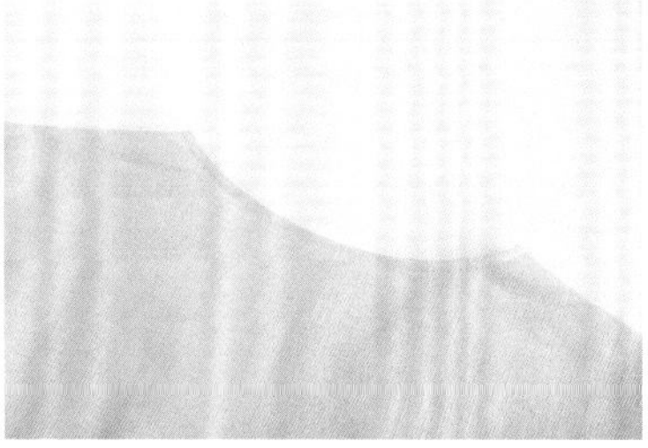

02 丹凤贵气马甲

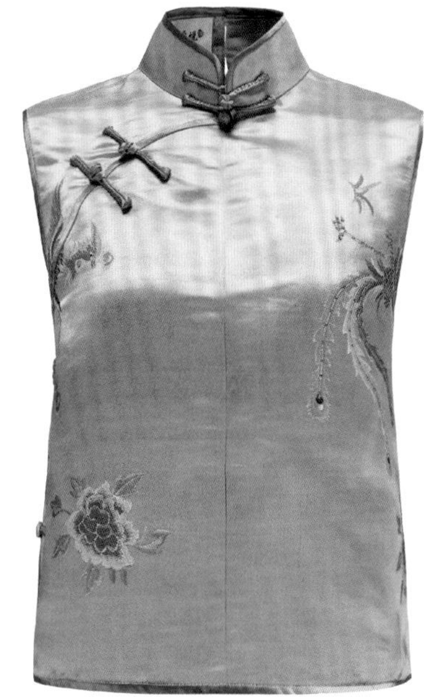

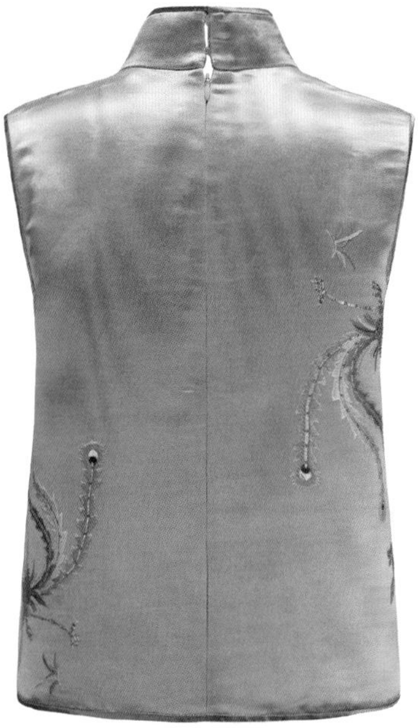

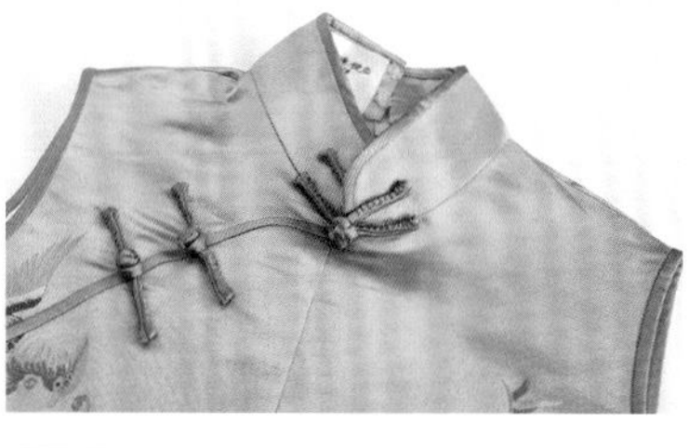

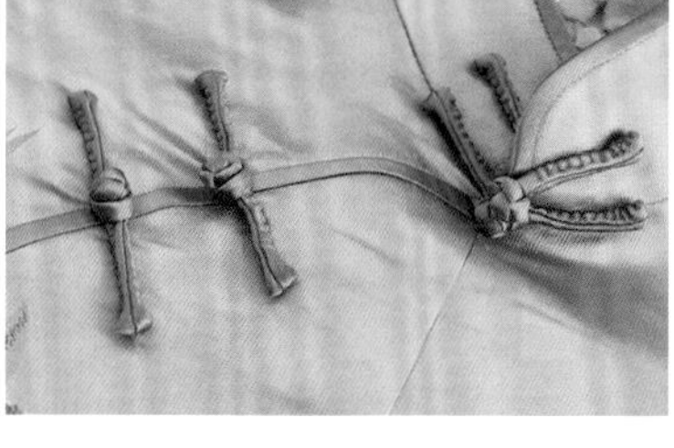

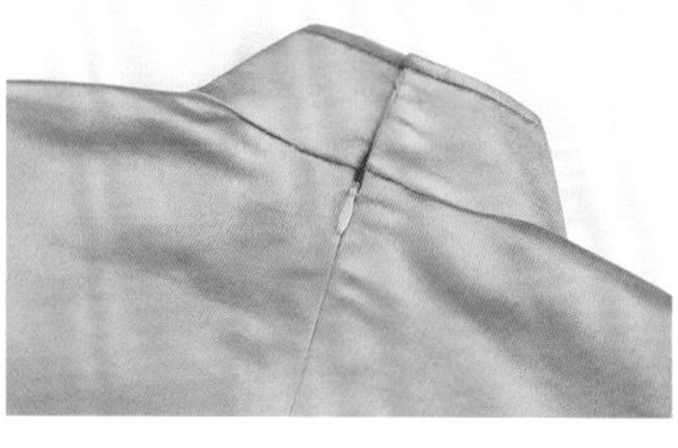

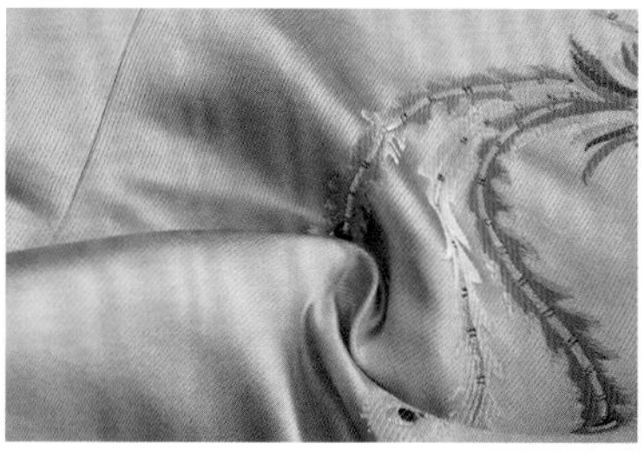

03 粉色丝绒艺术长袄

04 改良小氅

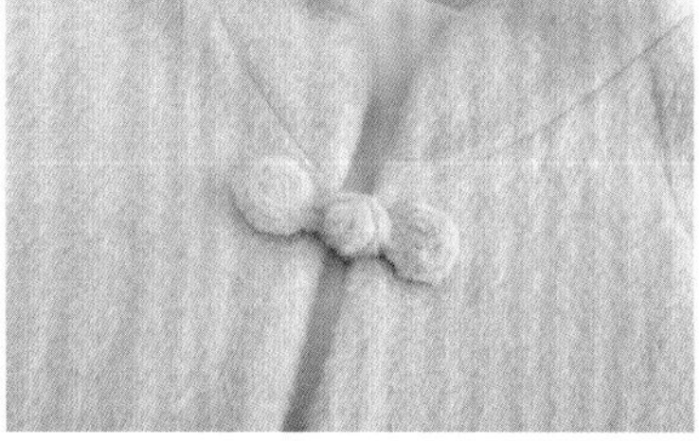

05 蓝色低领夹袍

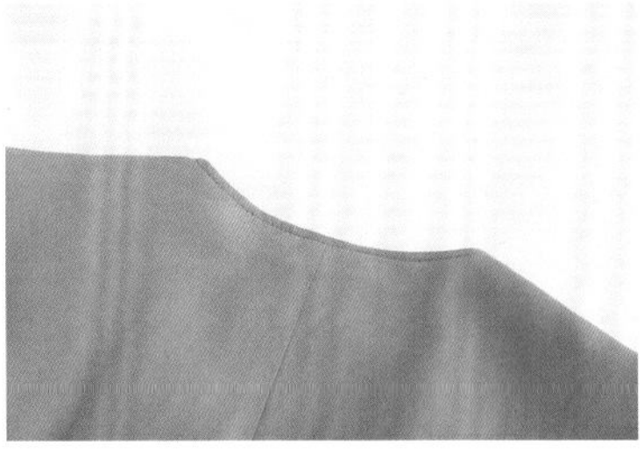

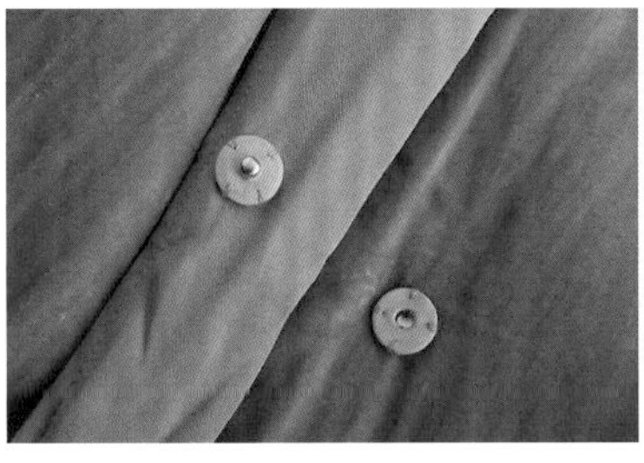

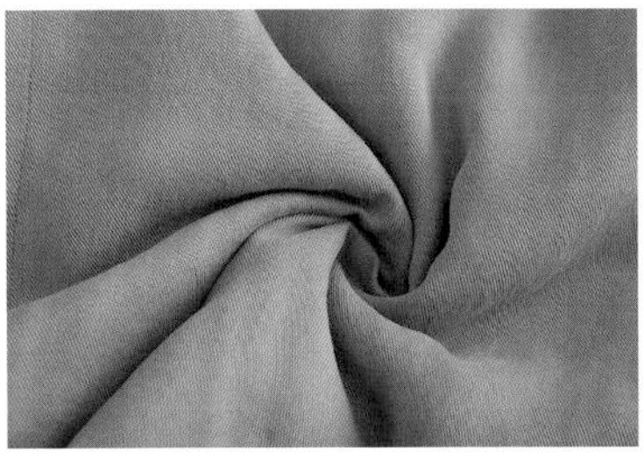

06 老土布镶拼文艺马甲

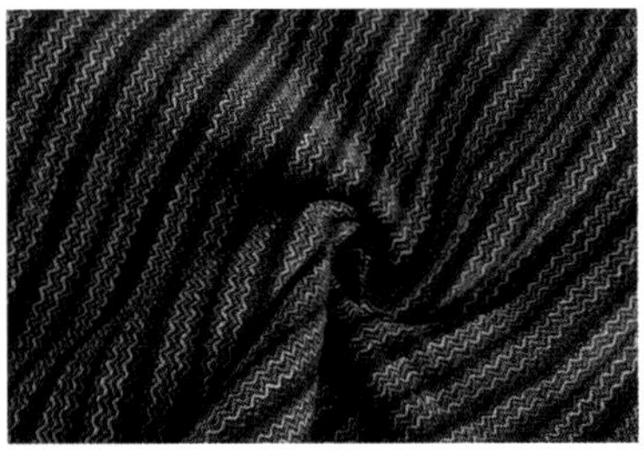

第九章　菁菁者莪

01 白色婚礼服

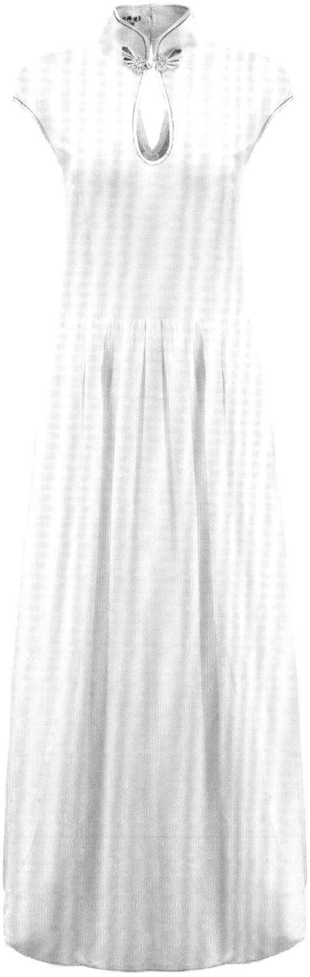

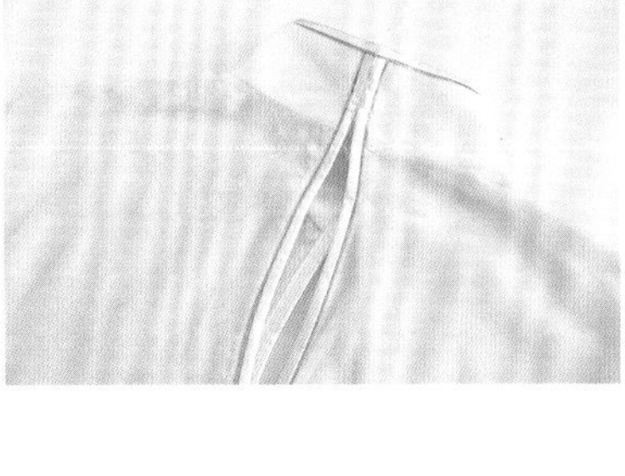

02 白玫瑰春夏袍裙

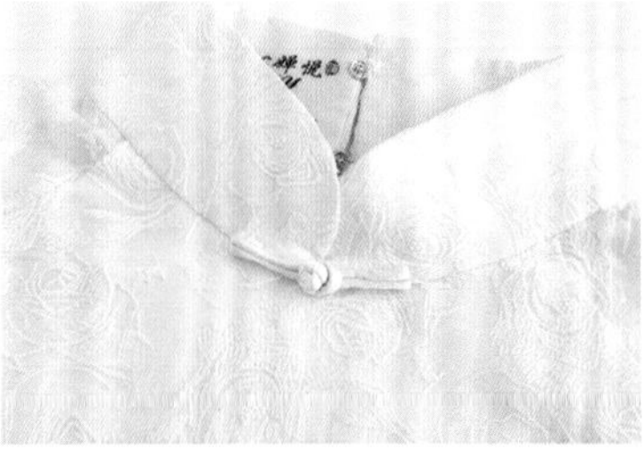

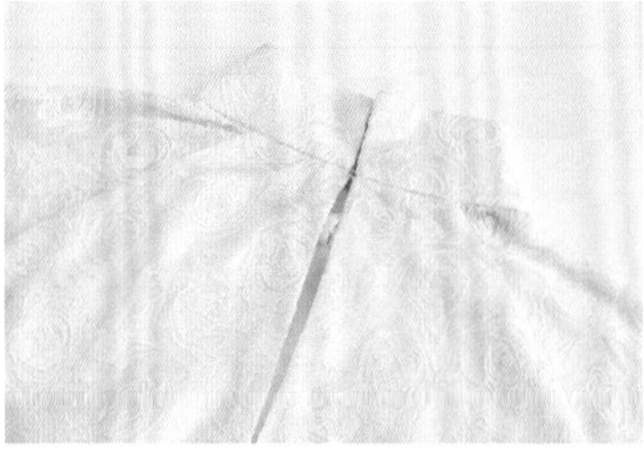

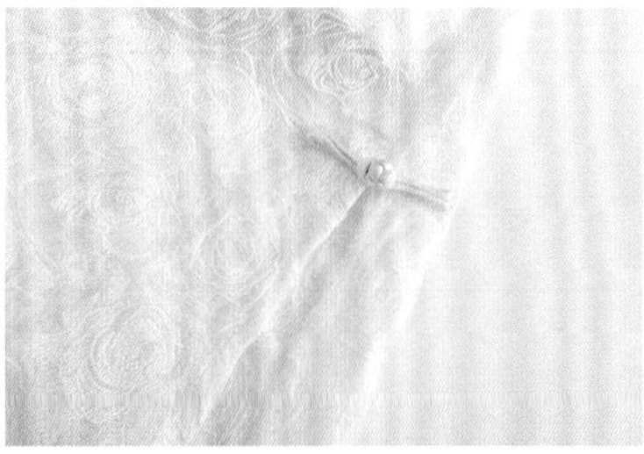

03 新元公主襦裙

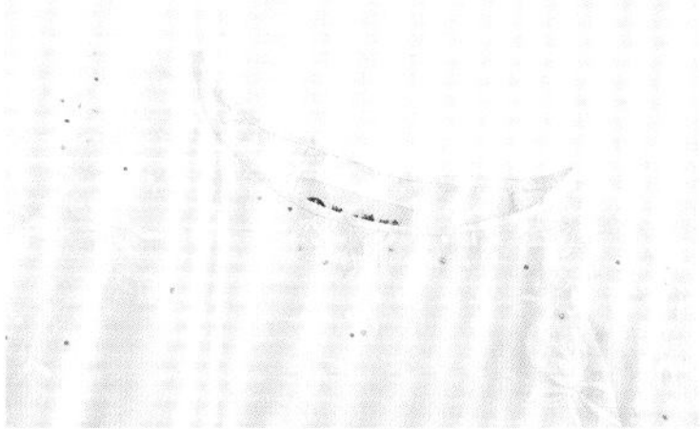

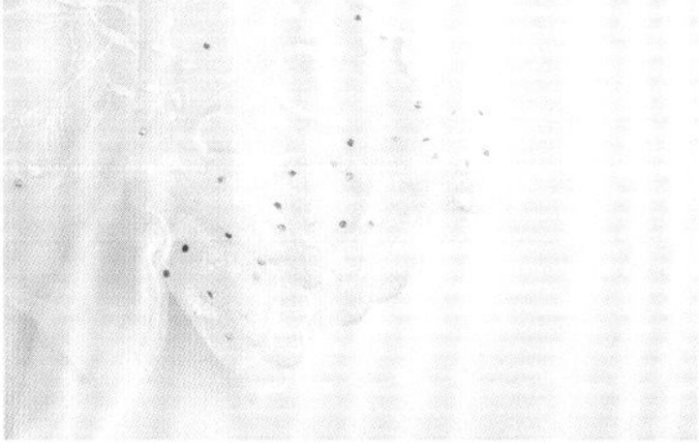

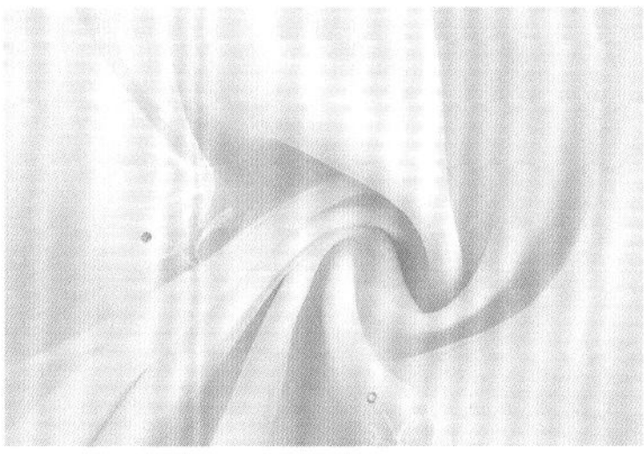

04 新元手绘粉色礼服

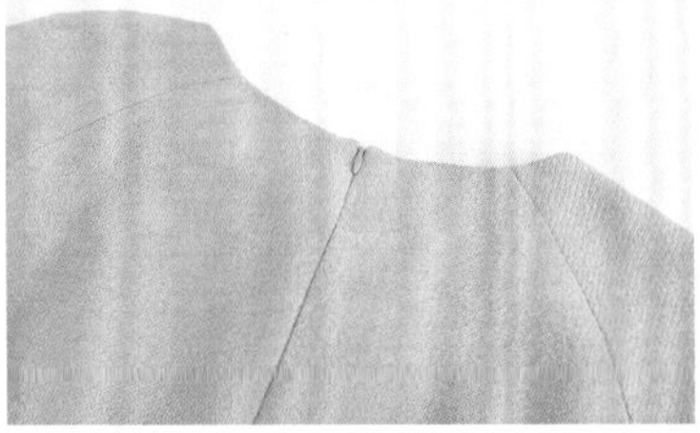

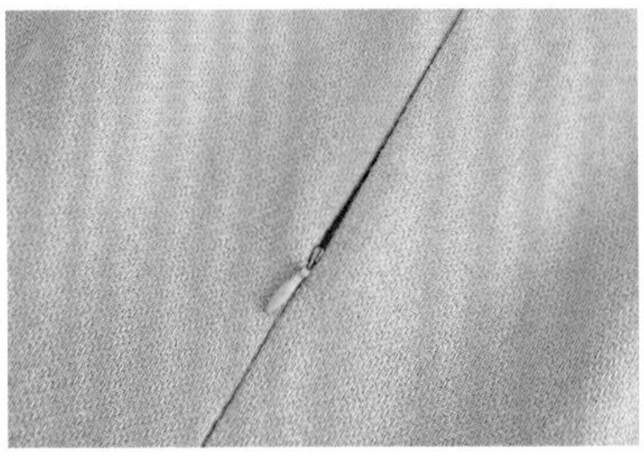

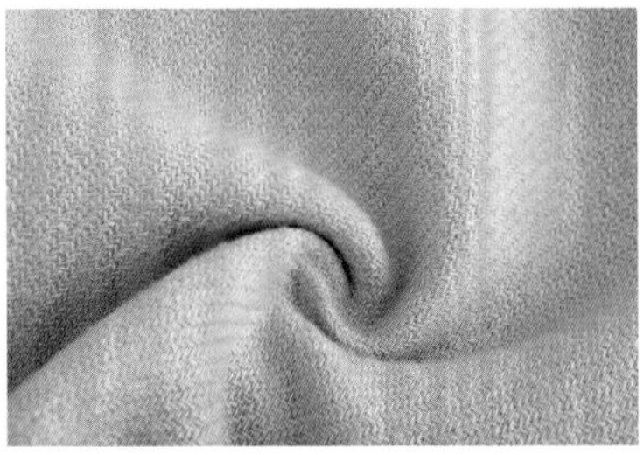

05 土布镶拼长旗袍

06 粉色蕾丝夏袍裙

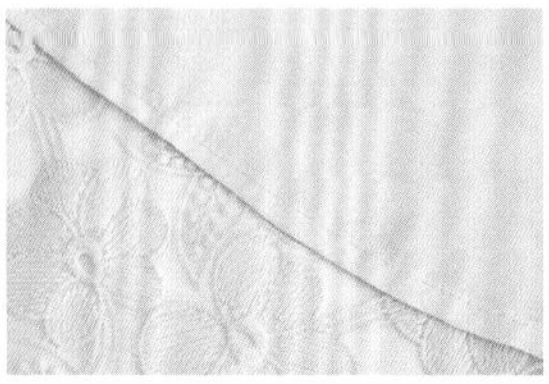

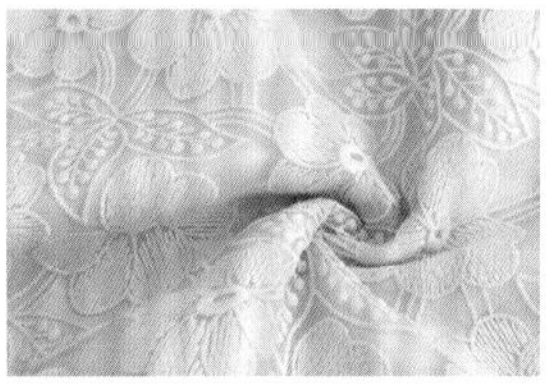

07 白色新元礼服

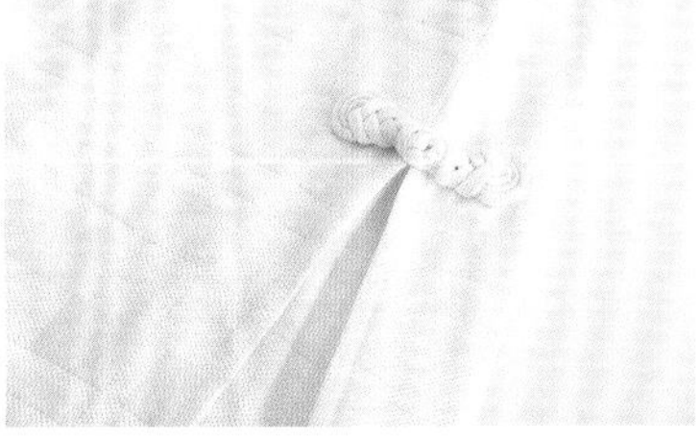

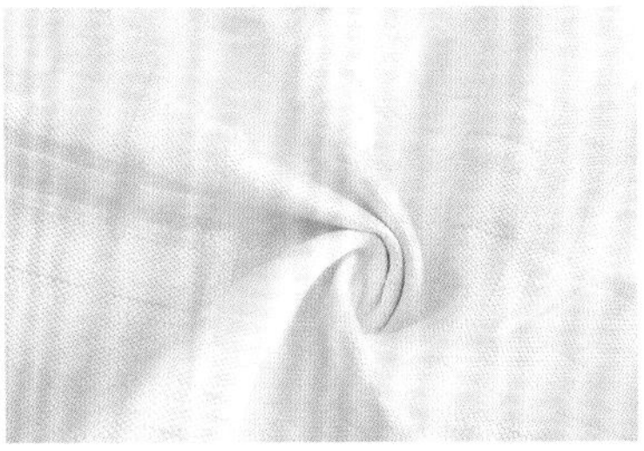

08 芥末色藤蔓花长裙

09 蓝土布镶蕾丝艺术长裙

10 香槟色春夏袍裙

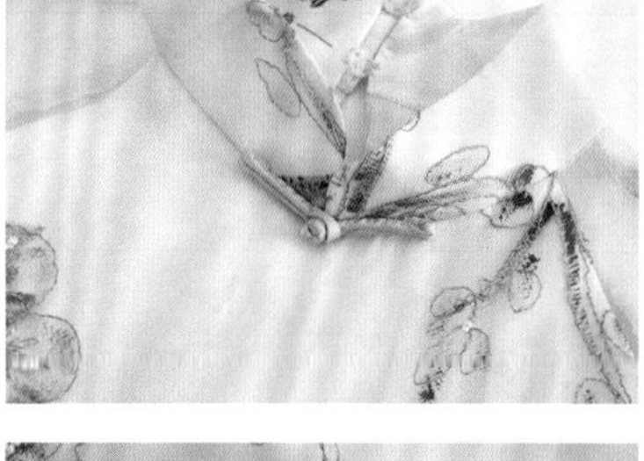

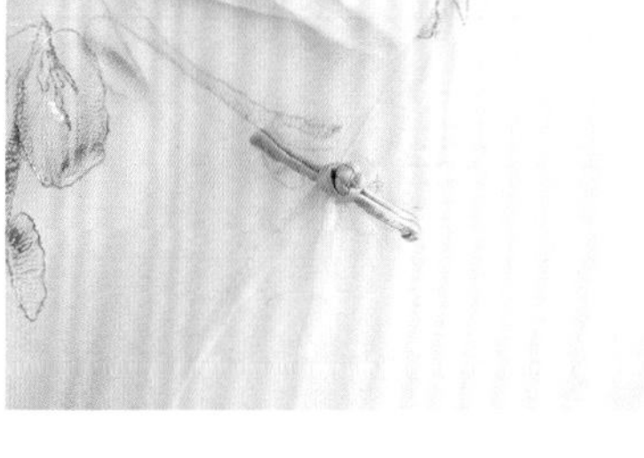

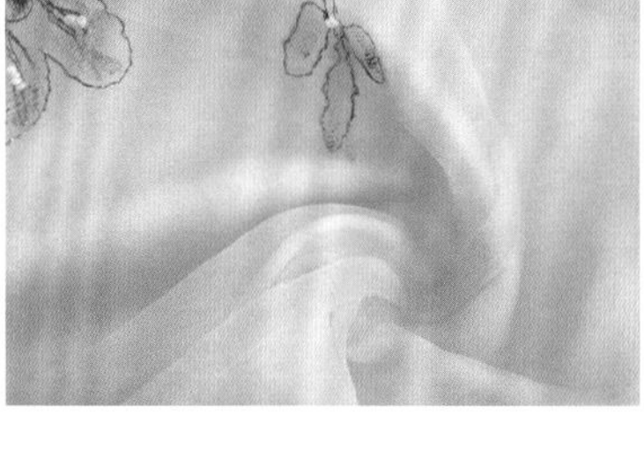

11 绿牡丹拼接长裙

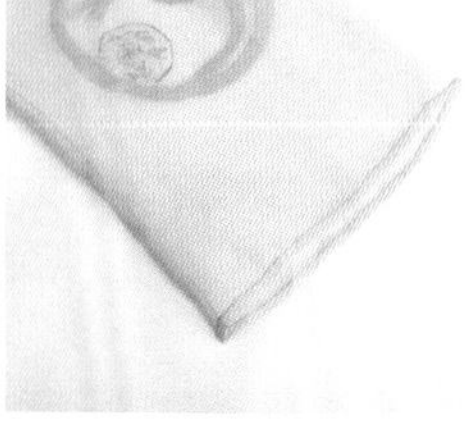

12 粉色改良仕女襦裙

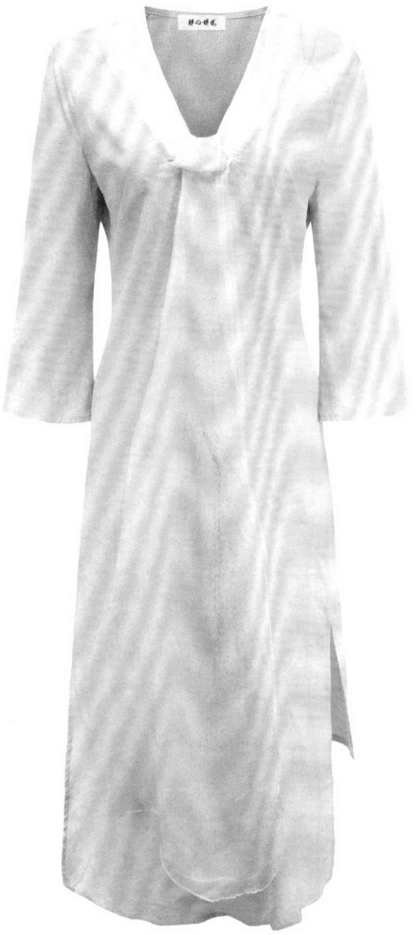

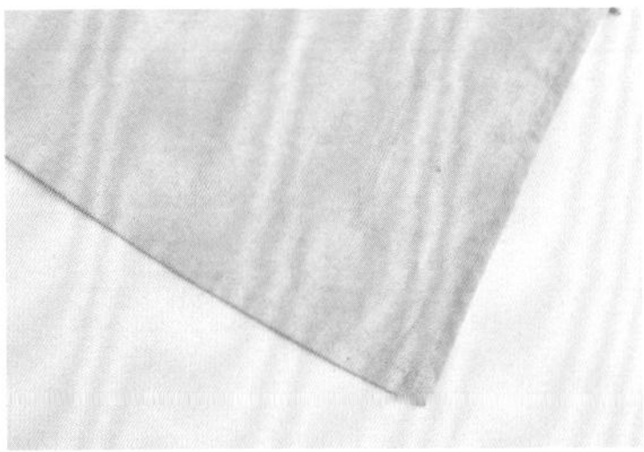

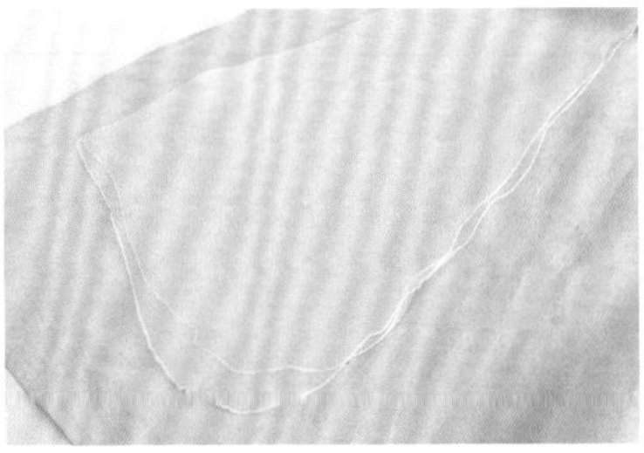

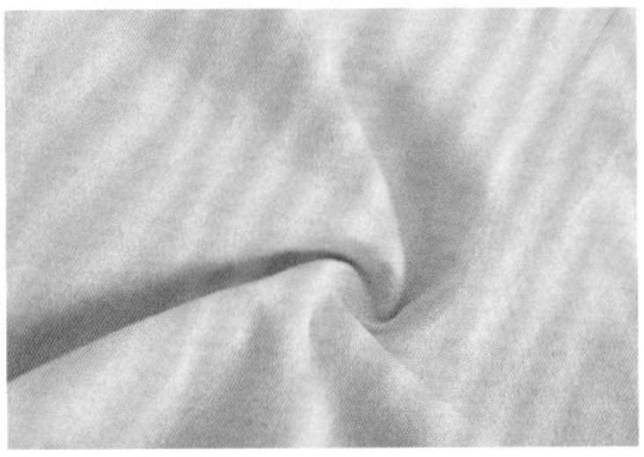

13 新元粉色夹短襦裙

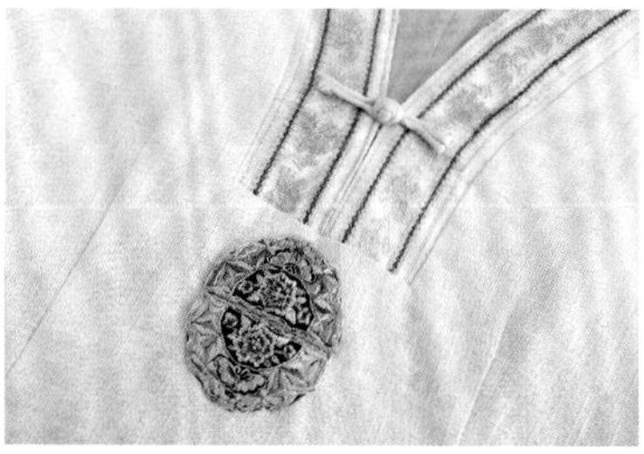
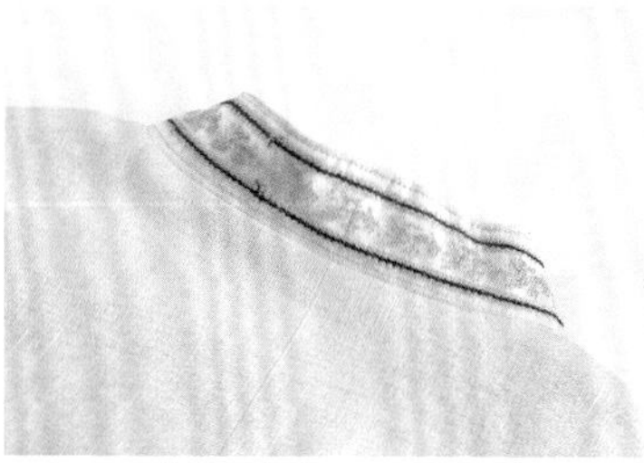
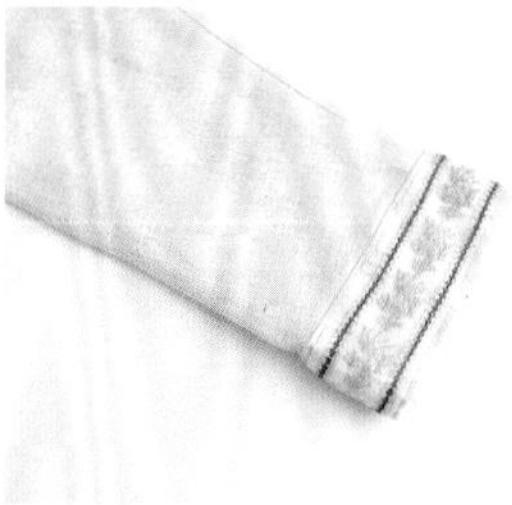

14 无袖谷黄旗袍

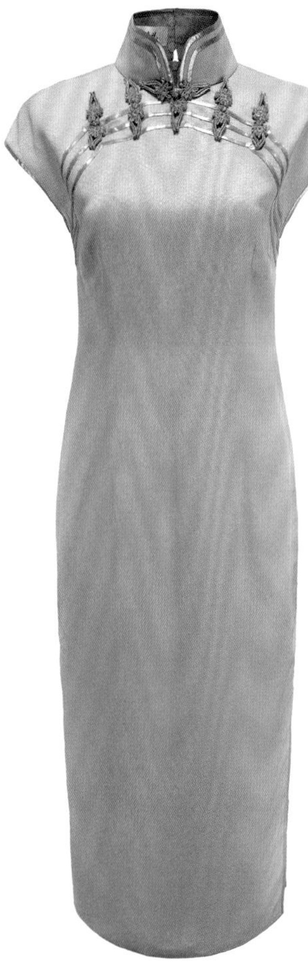

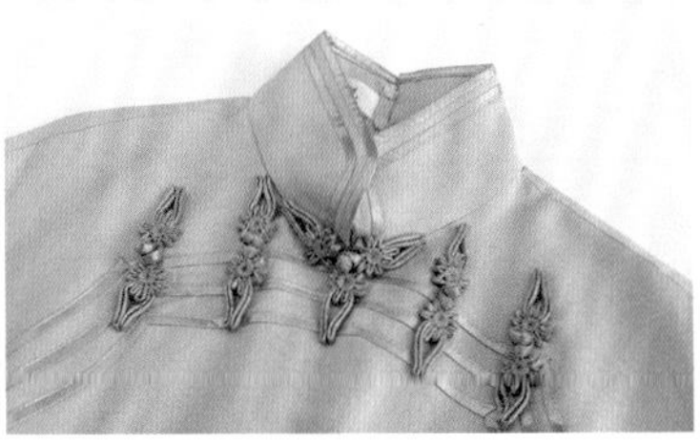

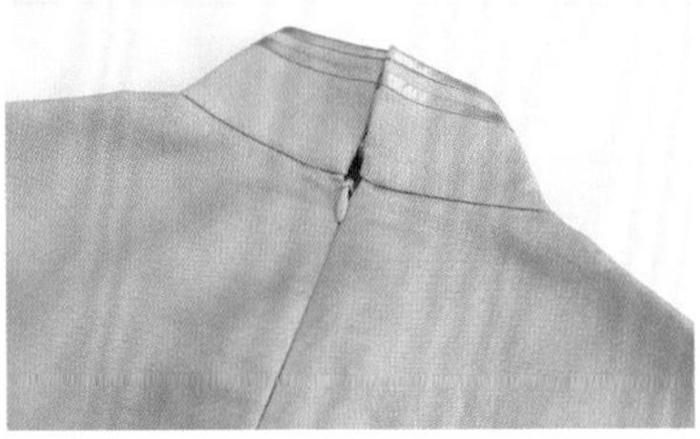

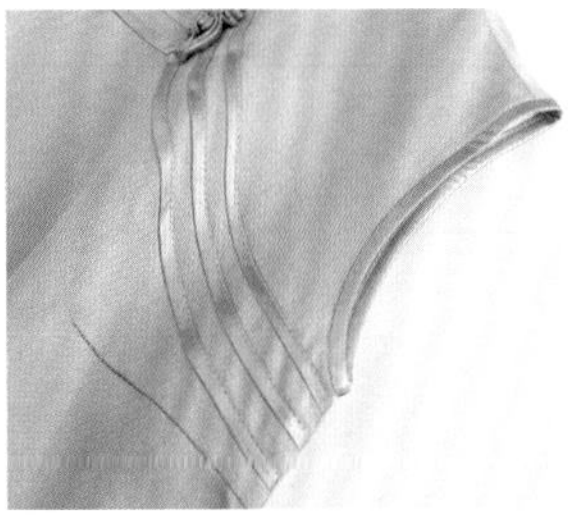

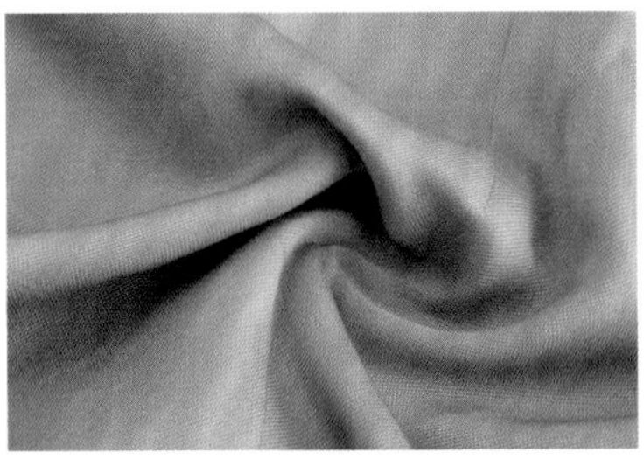

⑮ 紫色羽毛图案夏袍裙

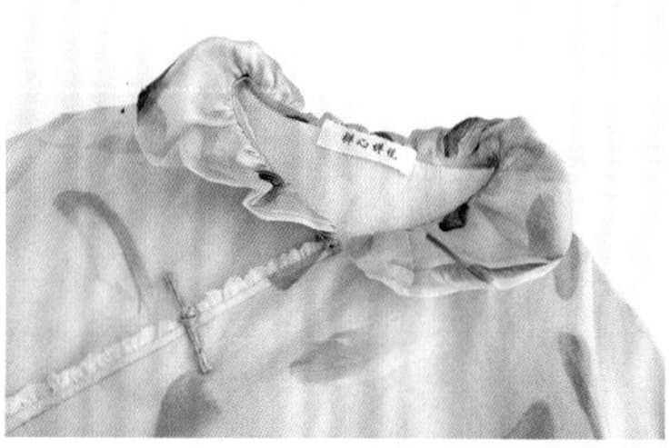

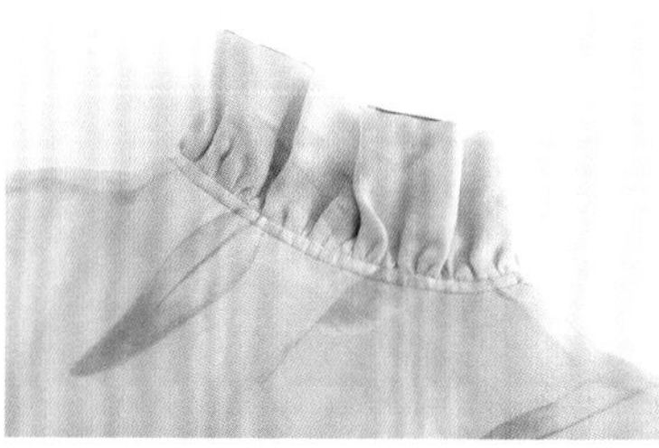

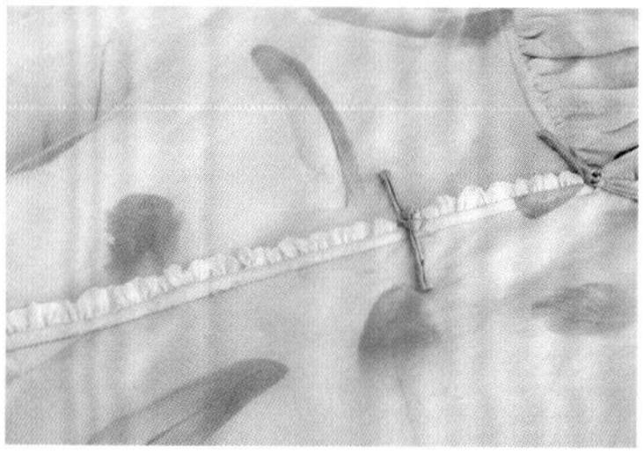

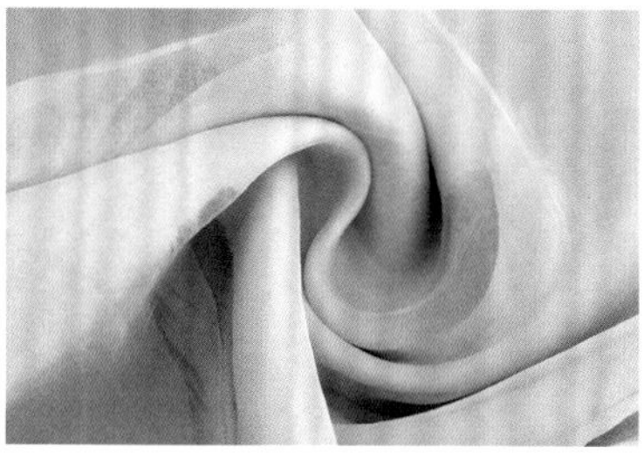

16 改良欧根纱夏袍裙

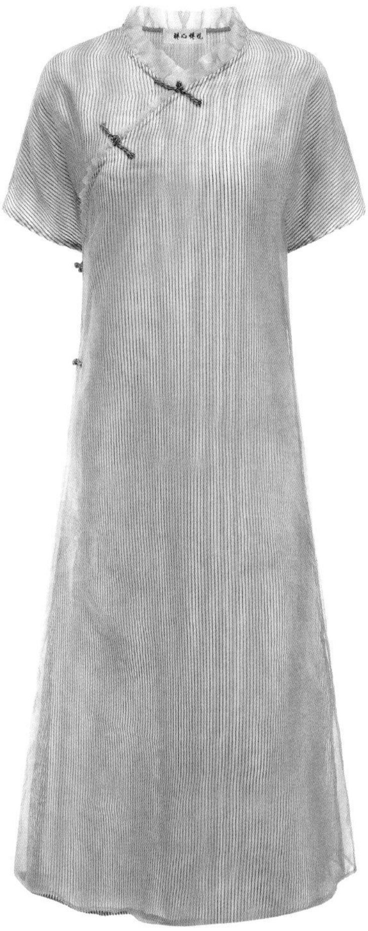

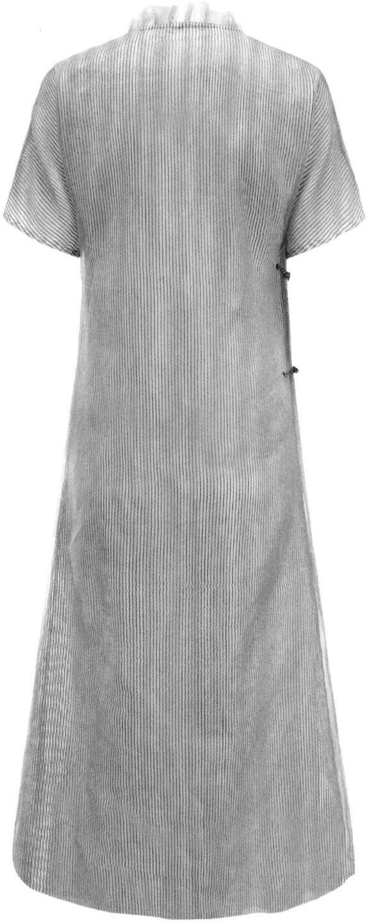

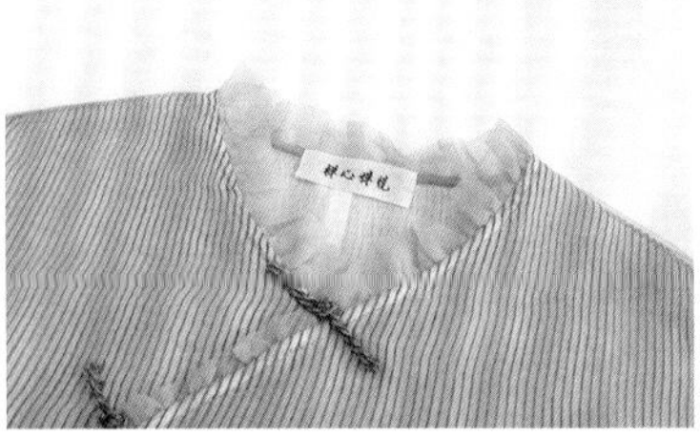

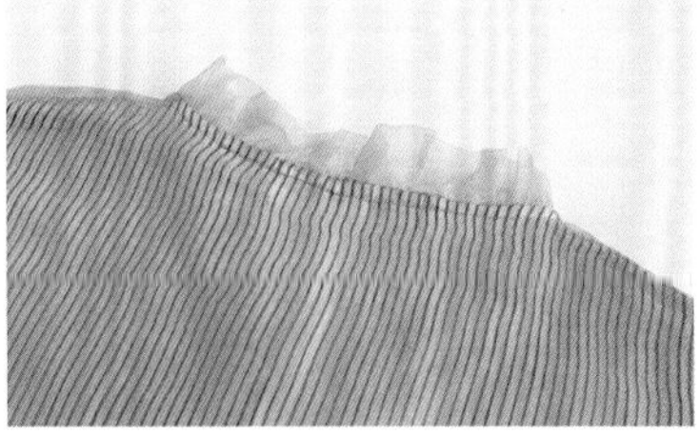

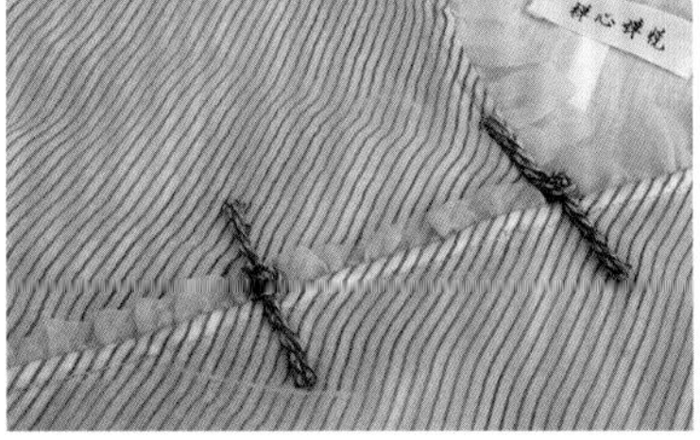

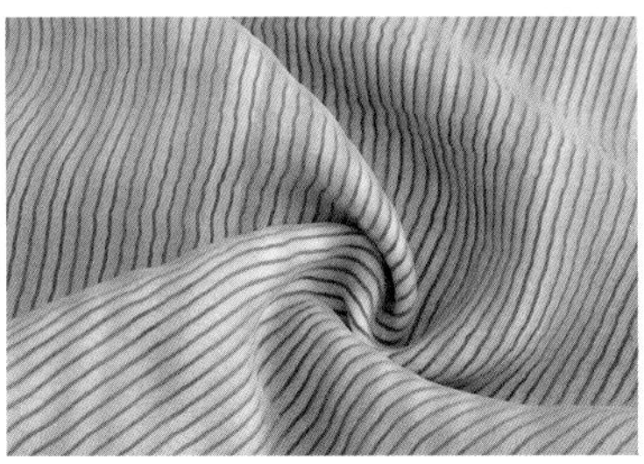

第十章　皇皇者华

01 缎面富贵氅袍

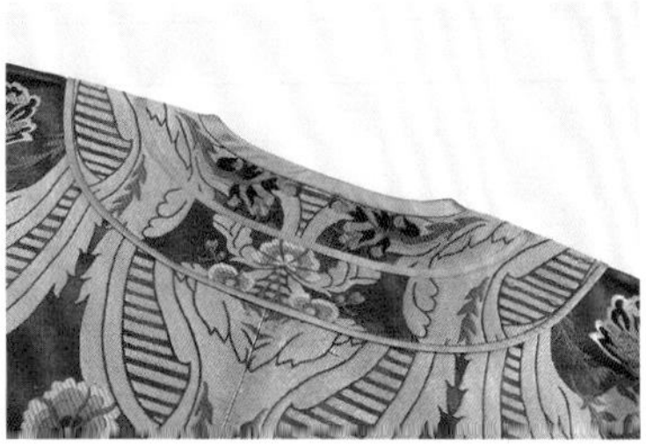

02 紫罗兰艺术袍裙

03 龙凤呈祥旗袍裙

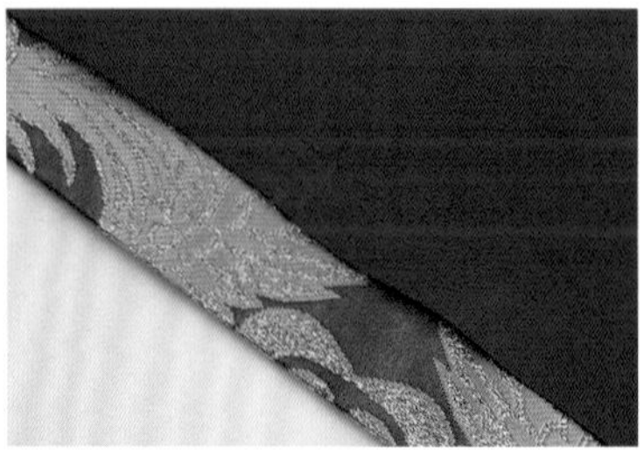

04 改良仕女艺术袍

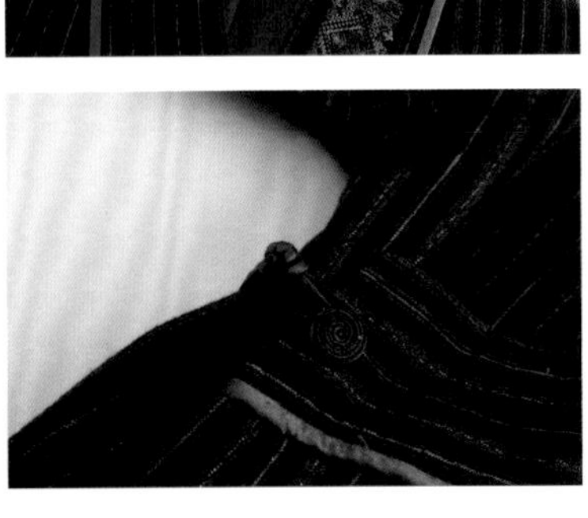

第十一章　东方之日

01 粗麻贴花艺术罩袍

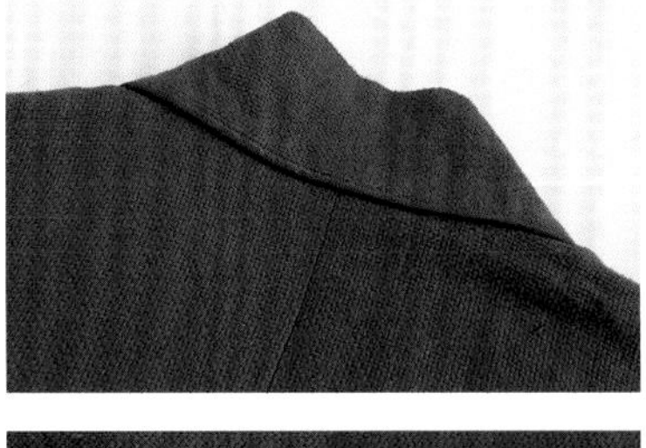

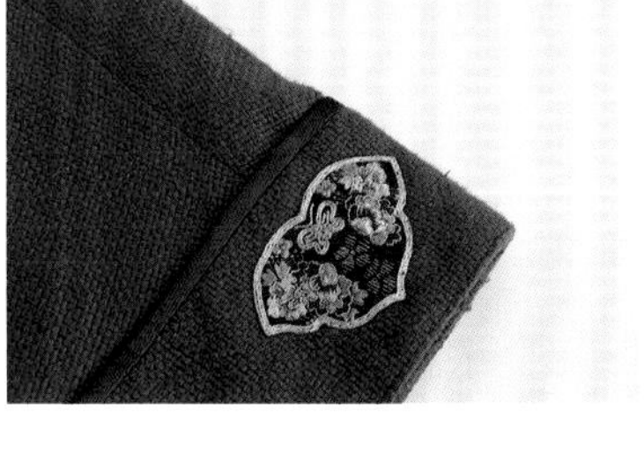

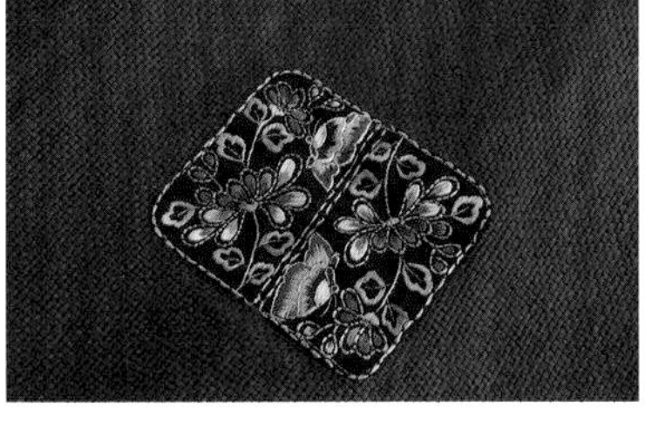

02 丹凤深华袍

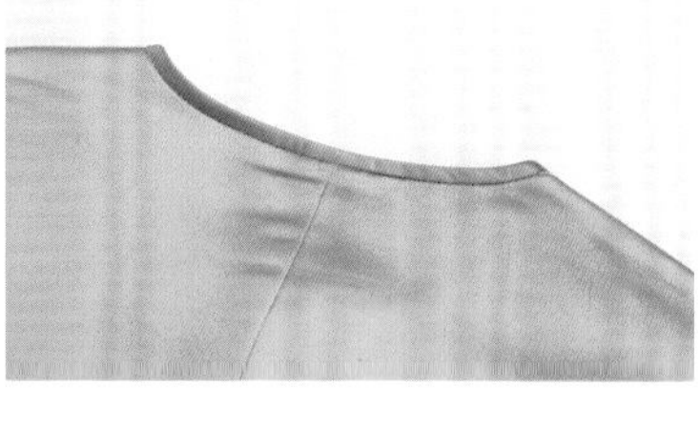

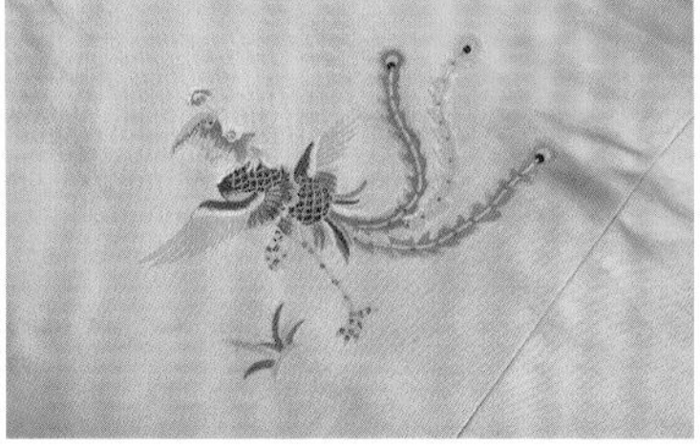

03 改良喜袍

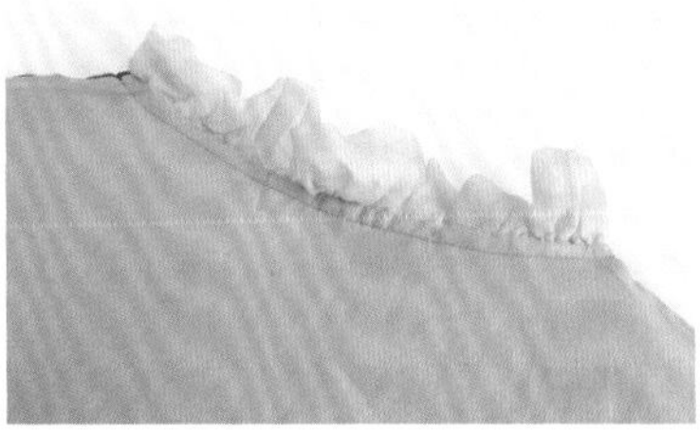

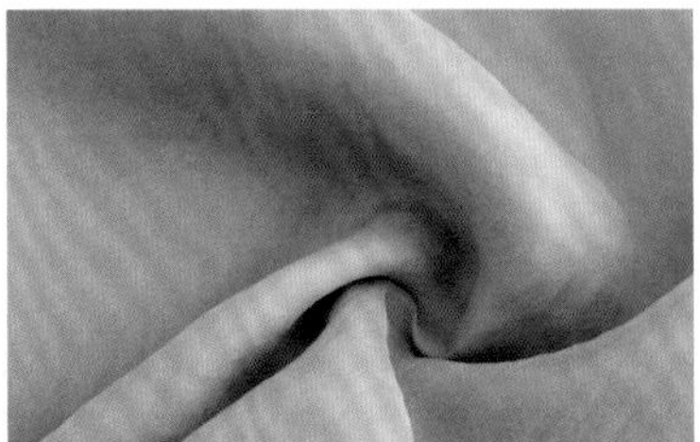

04 手绘仕女襦裙

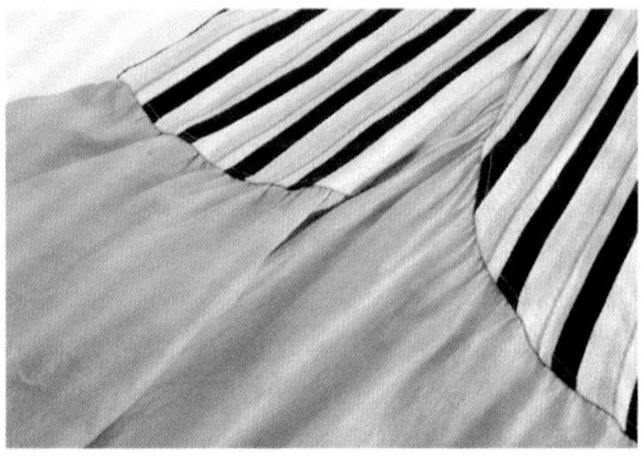

05 老布手绘旗袍

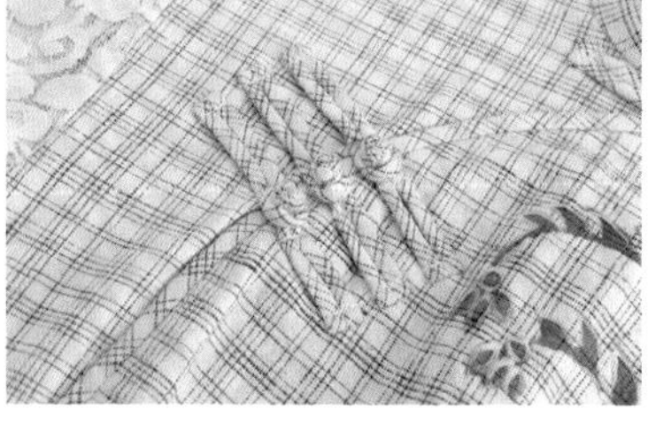

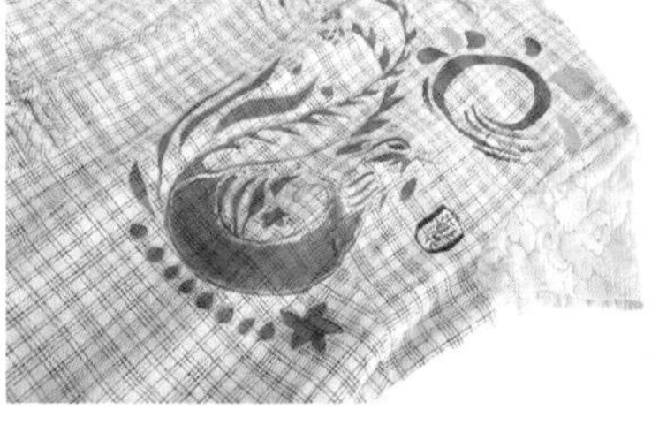

06 土布镶拼精致旗袍

07 土布绣片镶拼华氅

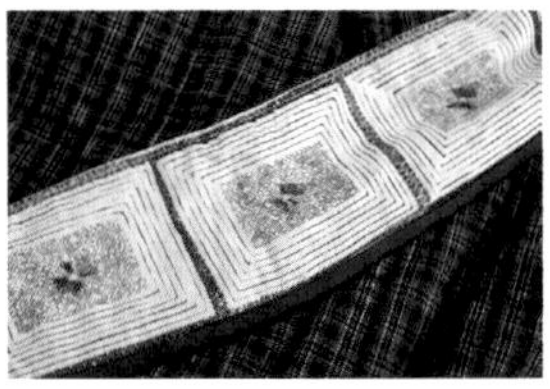

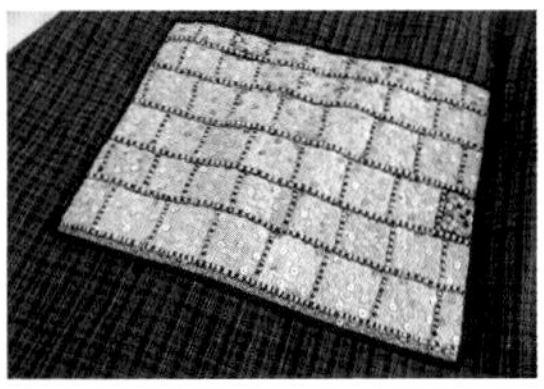

08 仕女华袍

09 欧根缎镶拼艺术旗袍

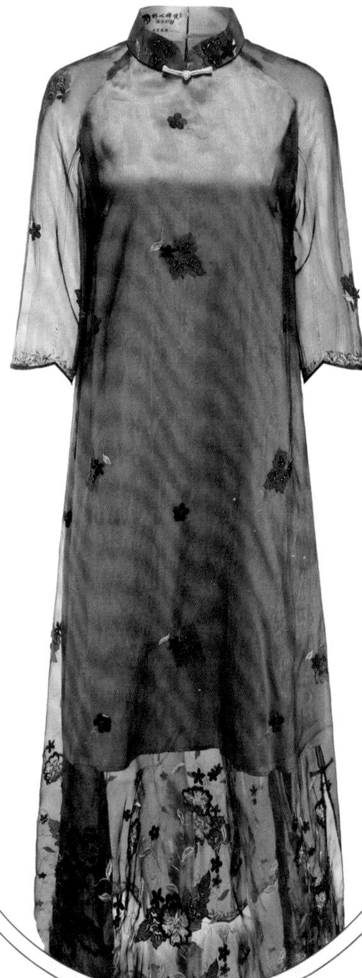

第十二章　崧高

01 改良春秋袍服

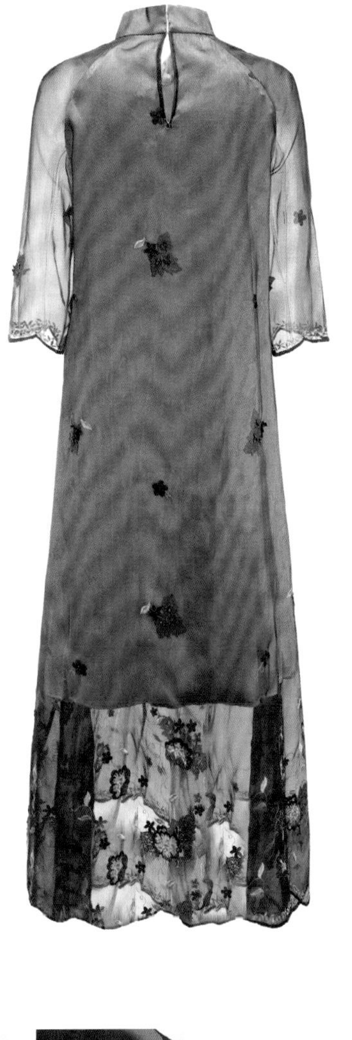

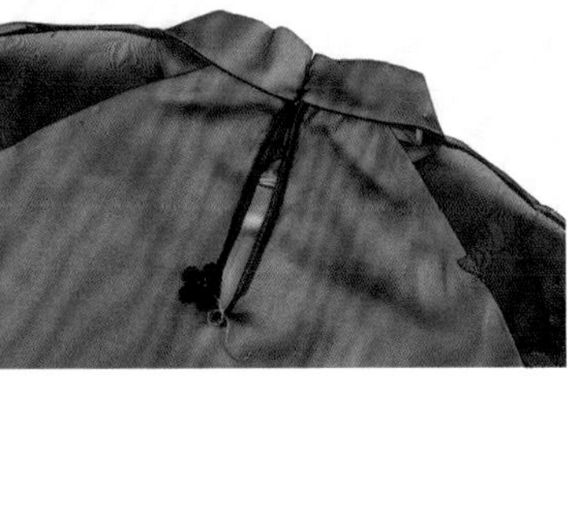

02 老布镶拼艺术氅

03 老布镶拼深袍

04 手绘粗麻旗袍

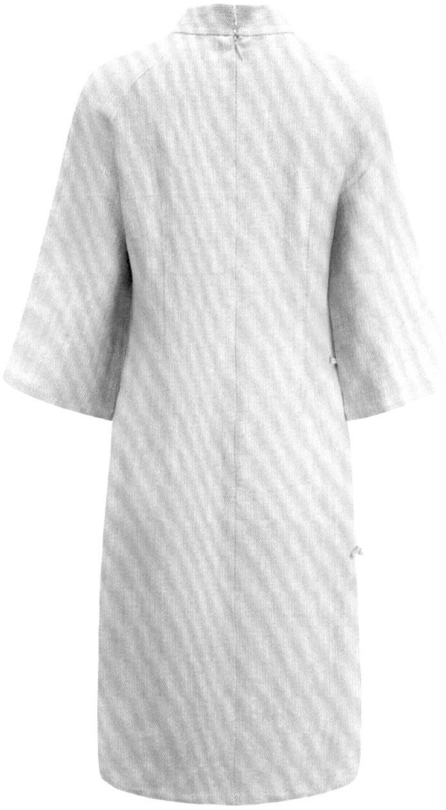

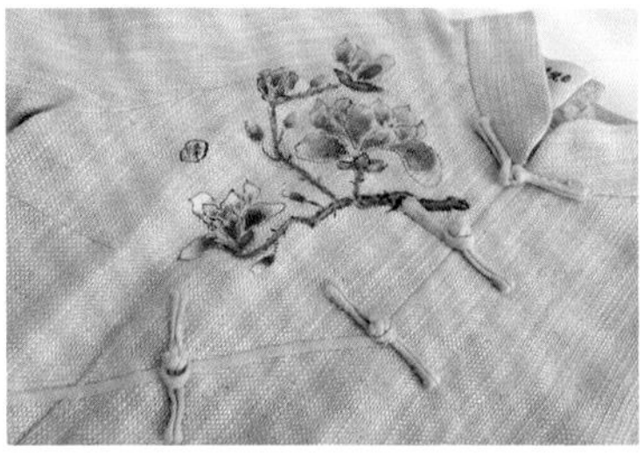

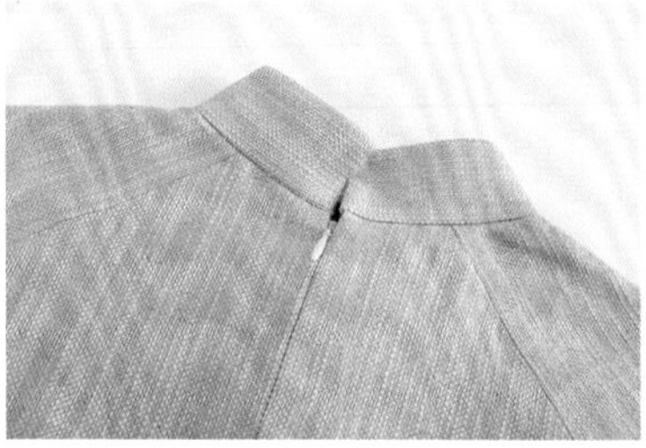

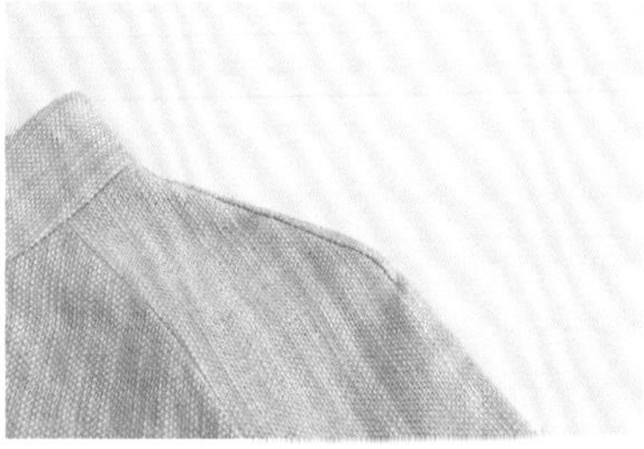

第十三章　甘棠

01 改良深袍华服

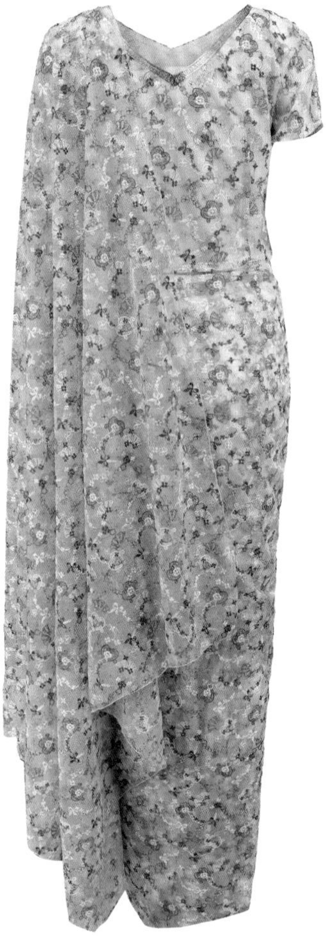

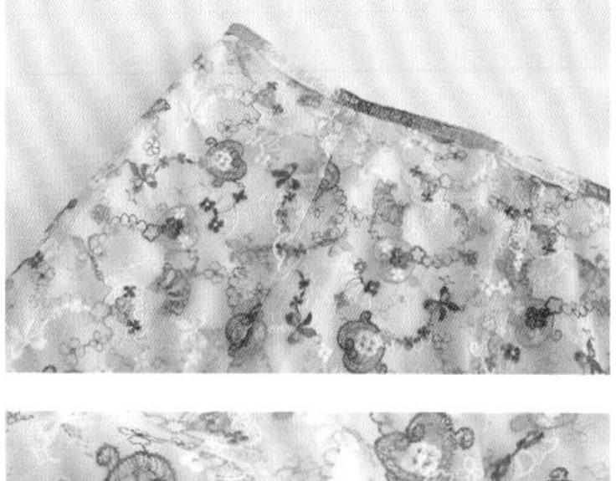

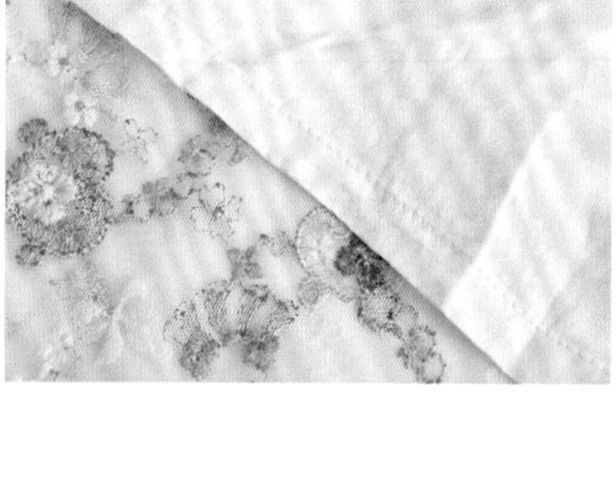

02 春秋艺术长袍裙

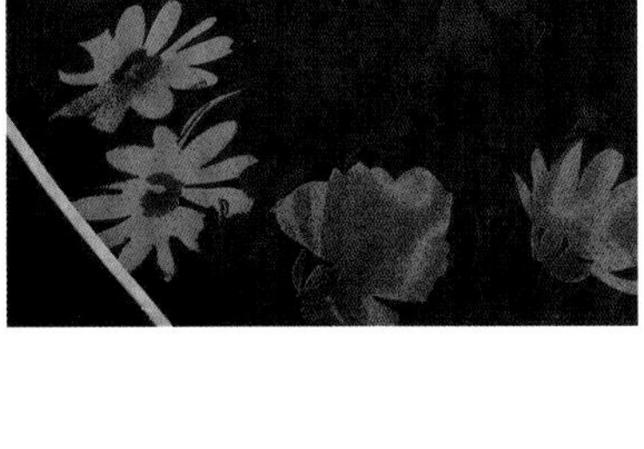

03 艺术面料白礼服裙

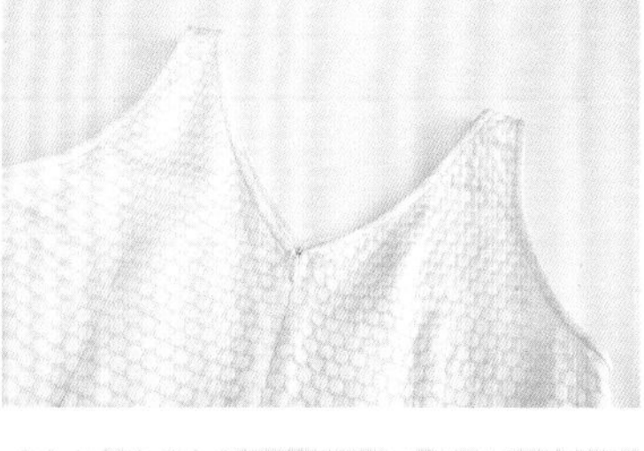

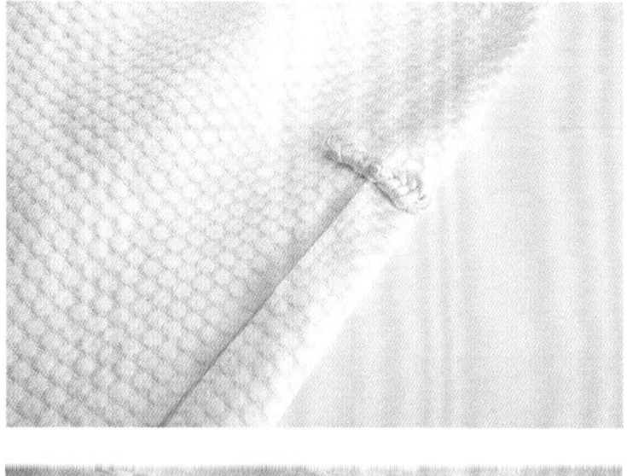

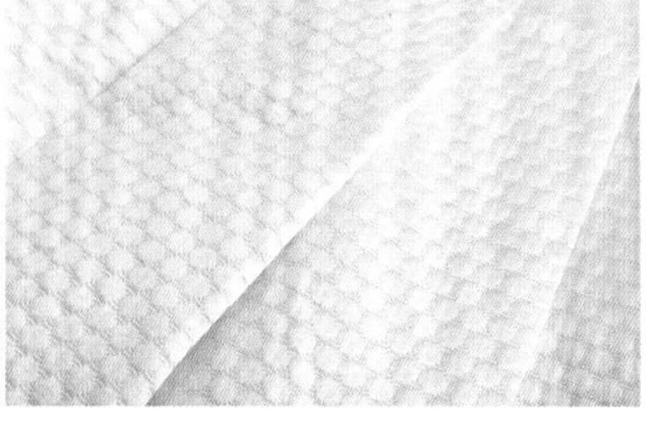

04 老布镶拼手绘旗袍

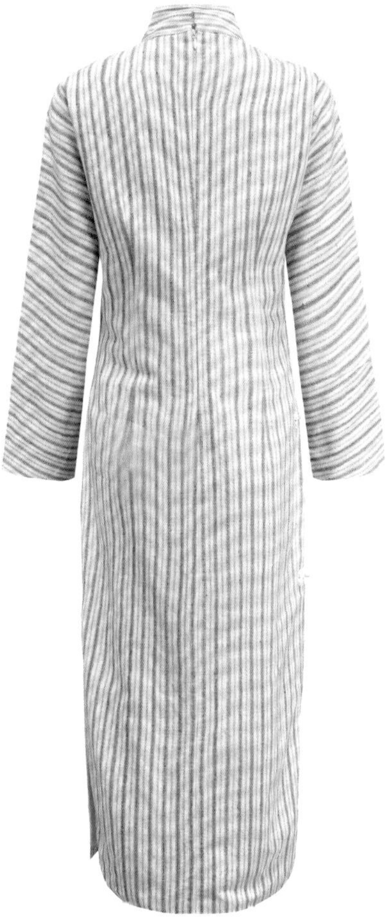

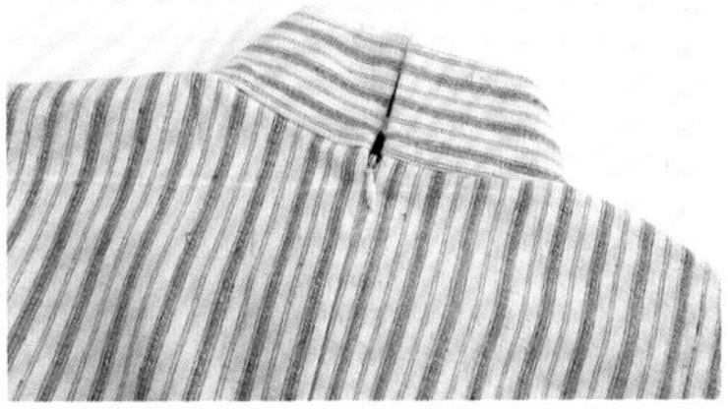

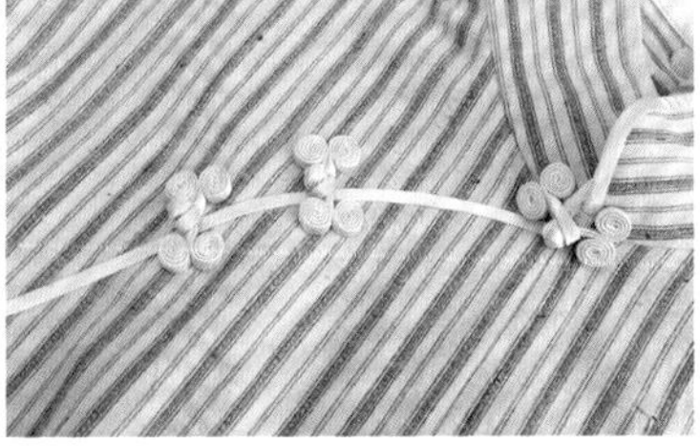

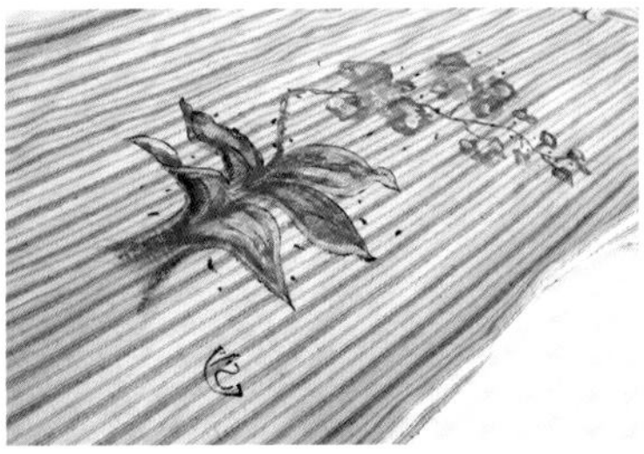

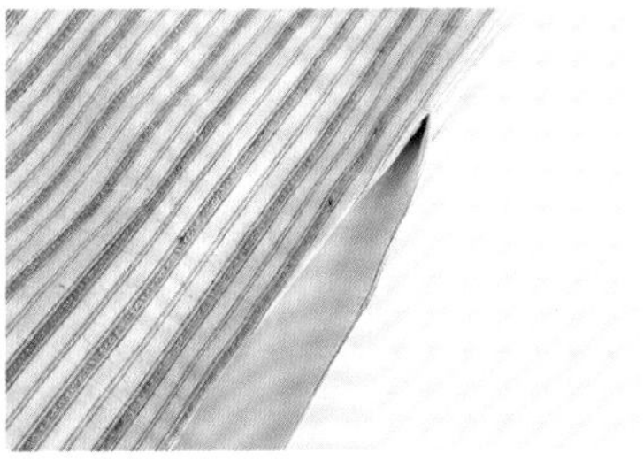

05 老布镶拼华氅

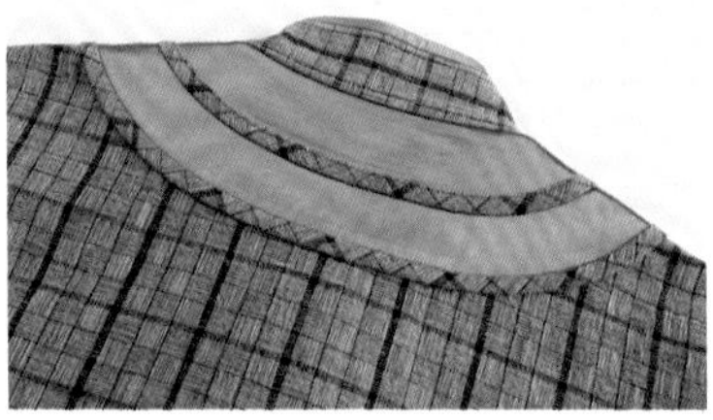

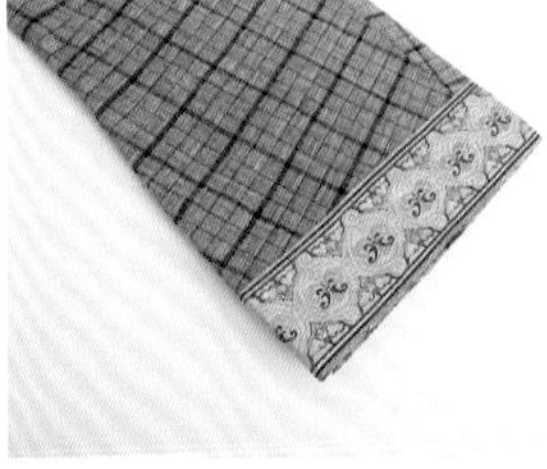

06 生态麻艺术长裙

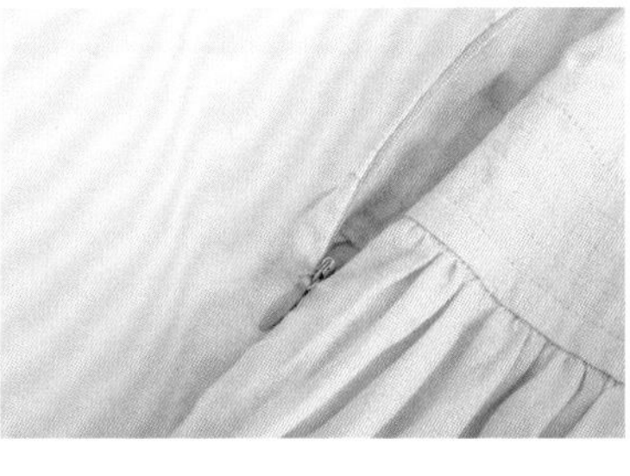

07 麻深袍

第十四章　褰裳

01 蕾丝艺术长披肩

02 蓝土布镶拼艺术长裙

03 老布镶拼艺术袄袍

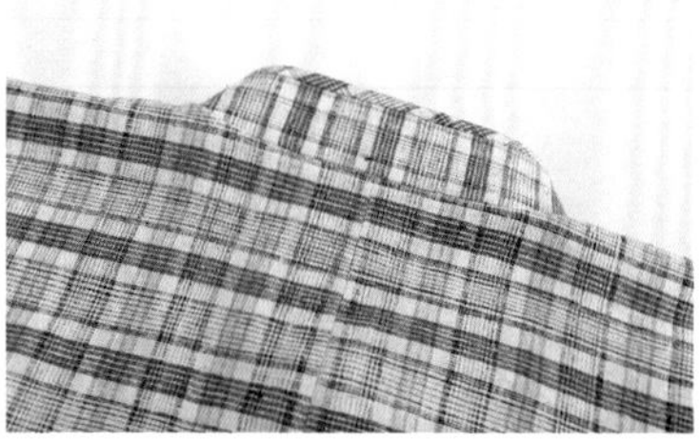

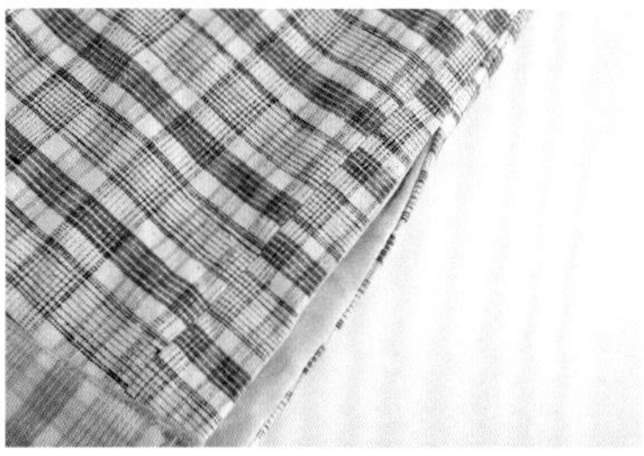

04 镶拼改良氅

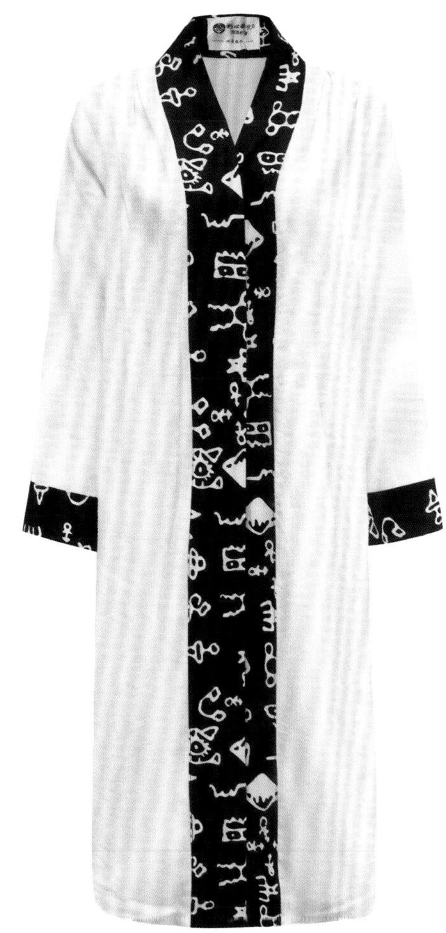

05 手绘红色礼服裙

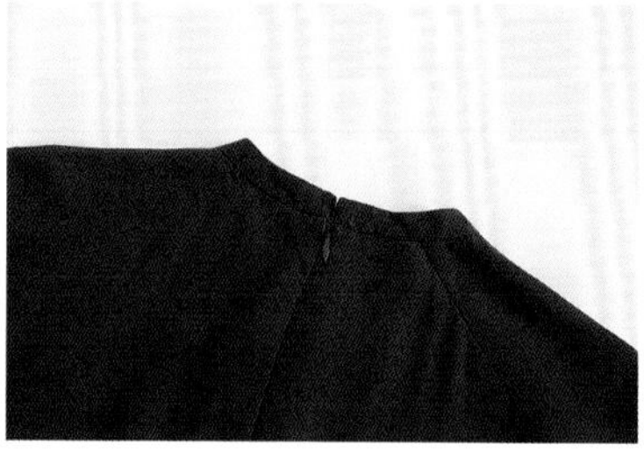

06 蓝色老布镶拼艺术长裙

第十五章　伯兮

01 改良手绘氅

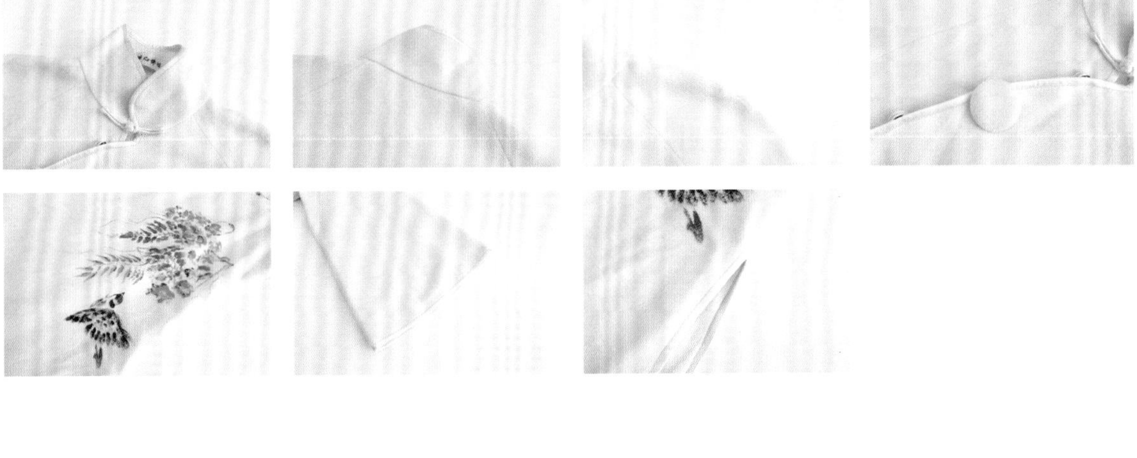

02 白麻连衣裙

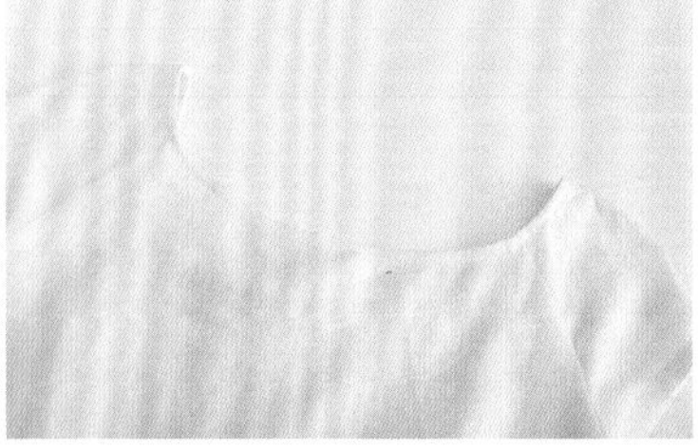

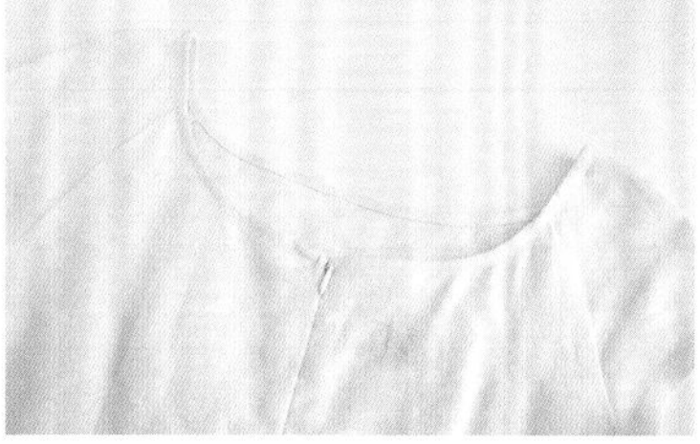

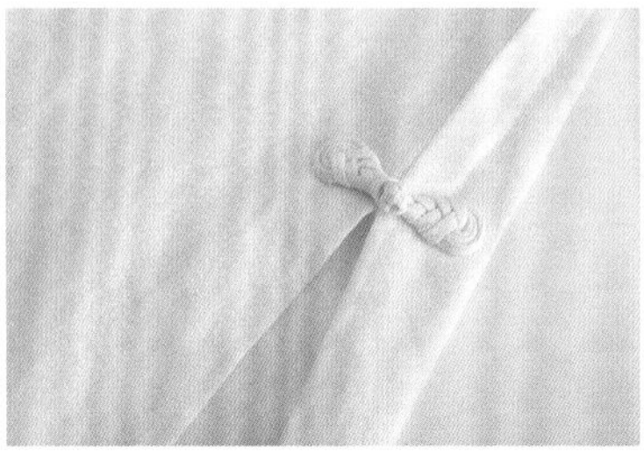

第十六章　关雎

01 手工贴花礼服

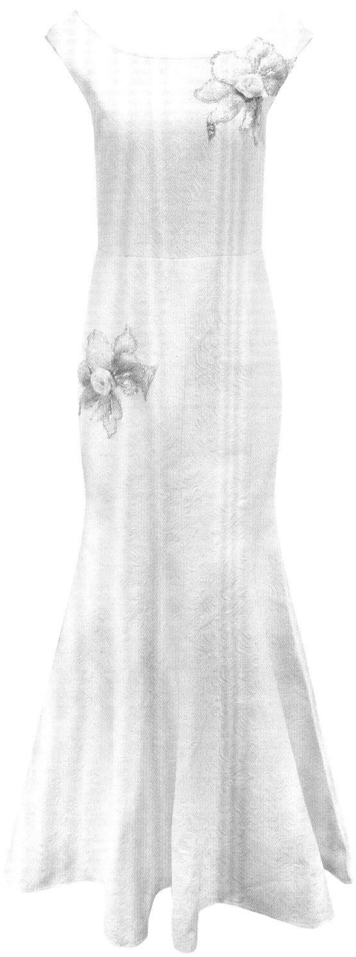

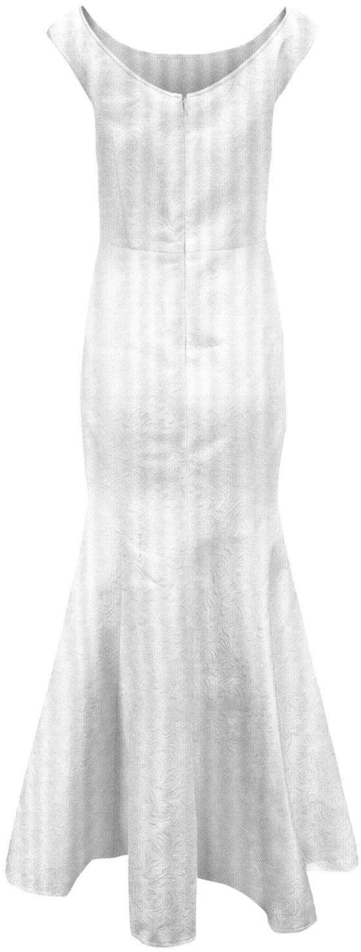

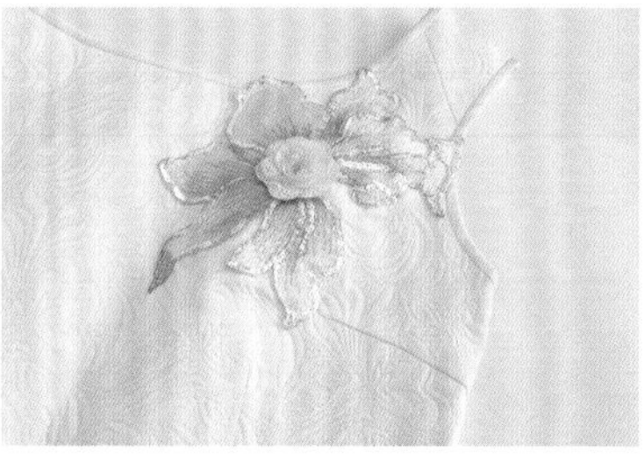

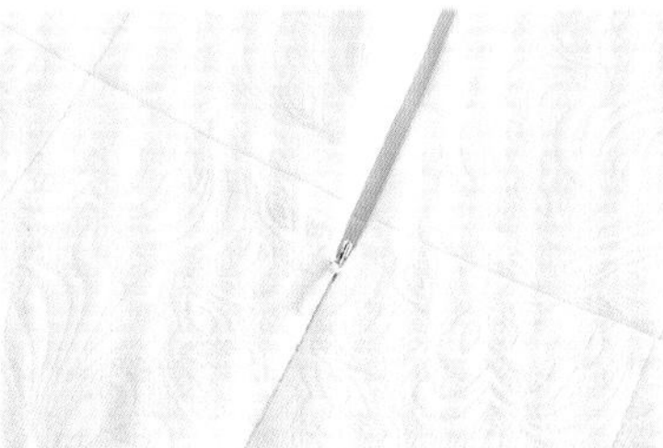

02 蕾丝面料艺术旗袍

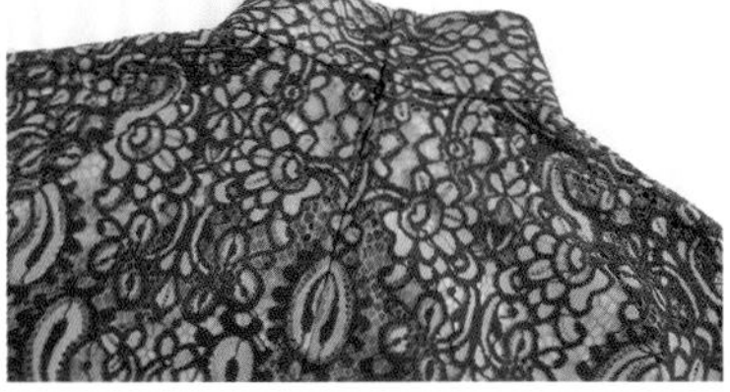
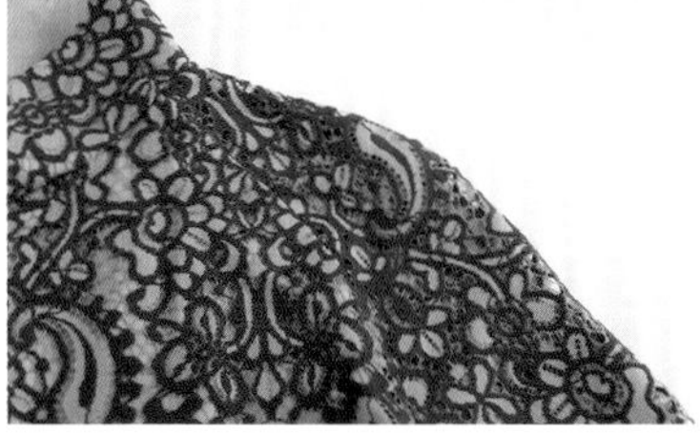
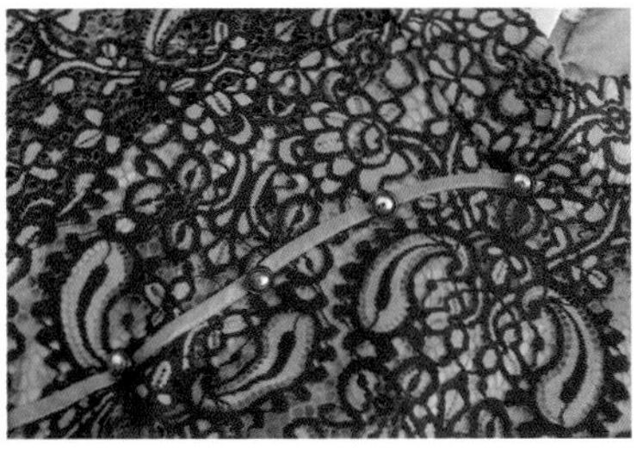

03 老布镶拼手绘艺术旗袍

04 老布镶拼仕女艺术华服

05 老布镶拼立领上衣

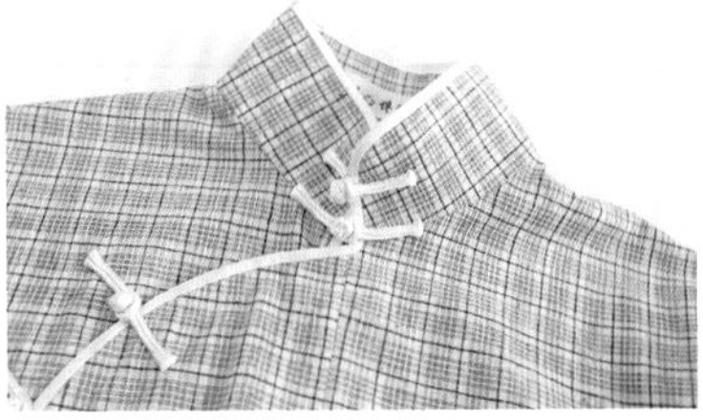
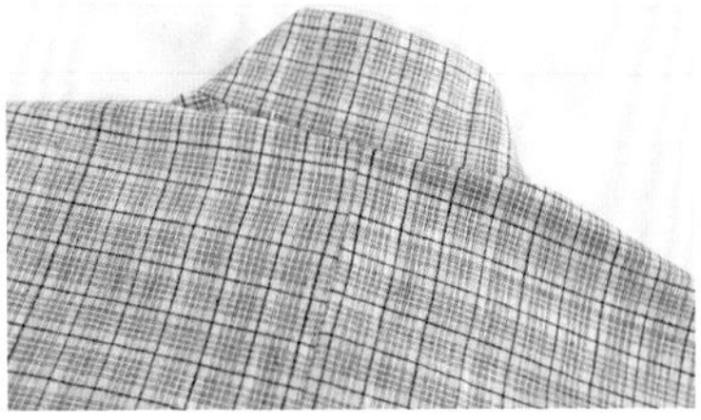

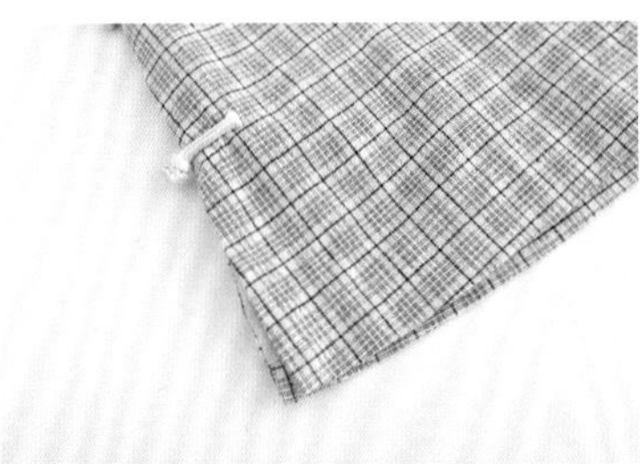

06 老布镶拼手绘艺术紫旗袍

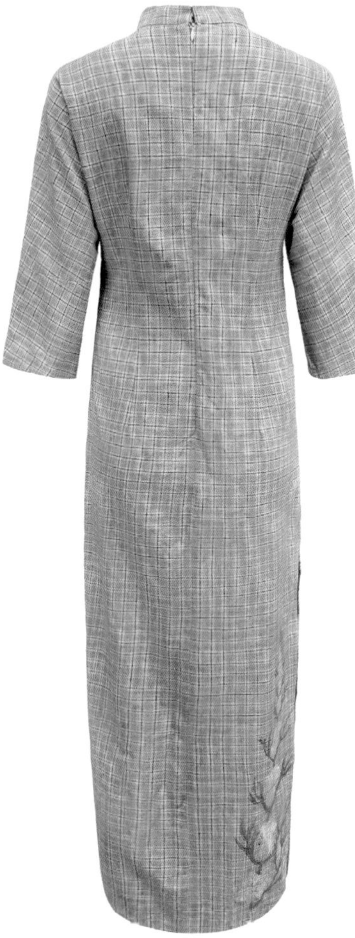

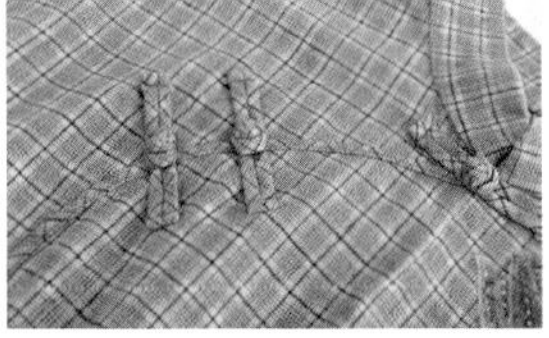

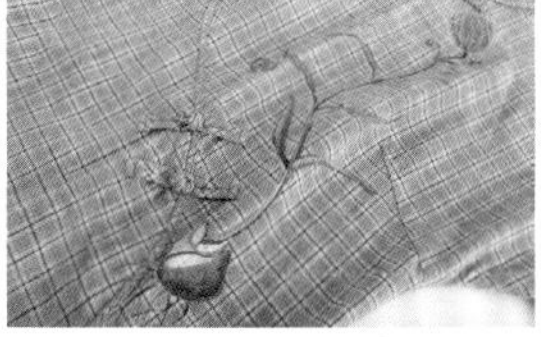

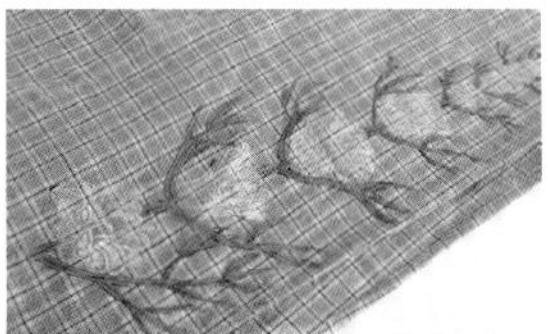

07 老布镶拼艺术夏旗袍

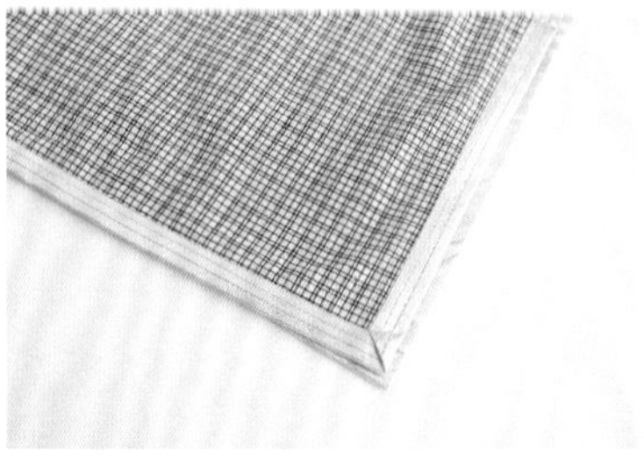

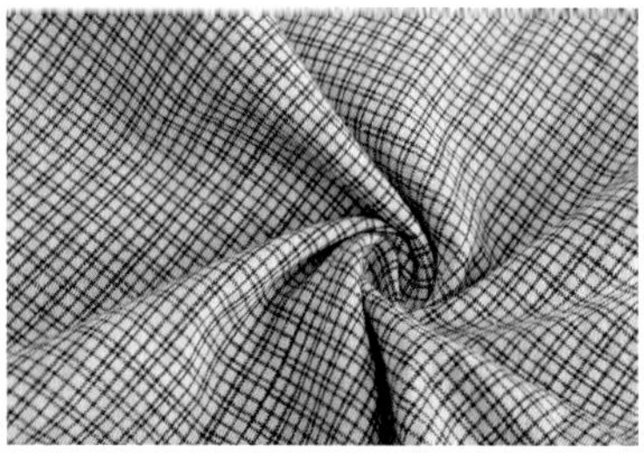

08 手绘风情艺术风衣

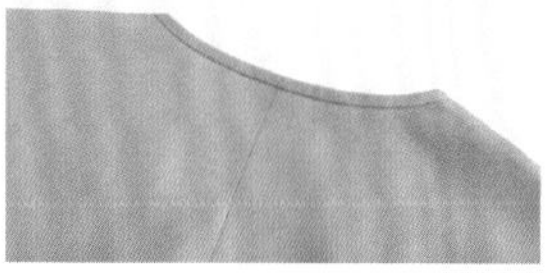

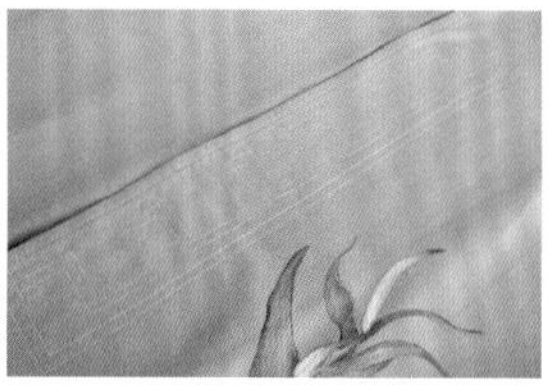

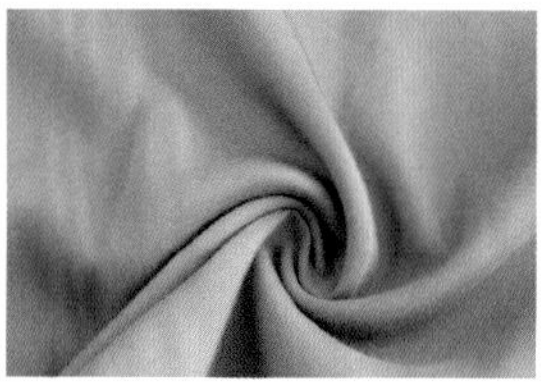

09 橙红牡丹花手绘艺术长裙

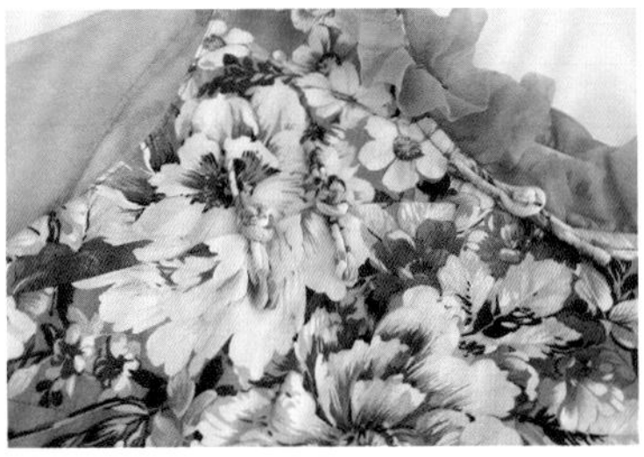

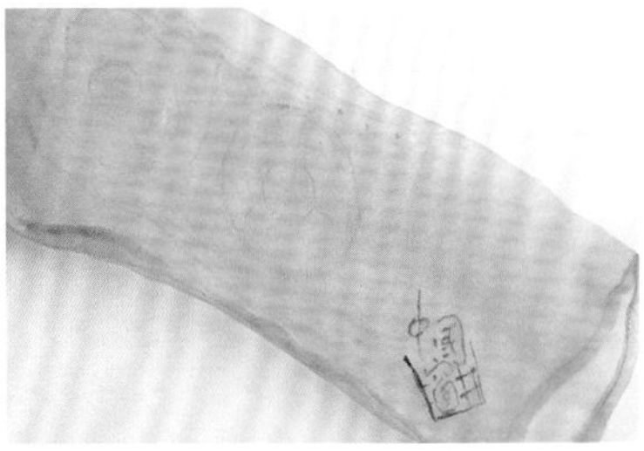

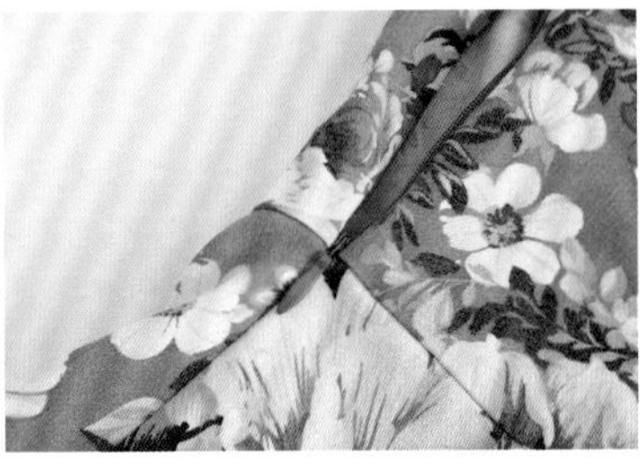

10 老布镶拼手绘艺术旗袍

11 老布镶拼手绘艺术蓝旗袍

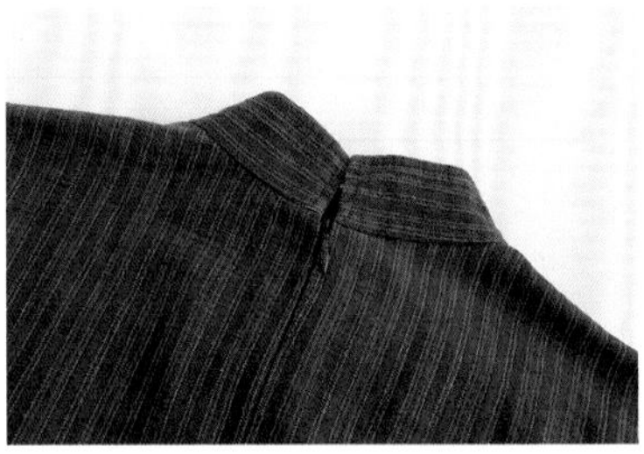

第十七章　湛露

01 改良女先生旗袍

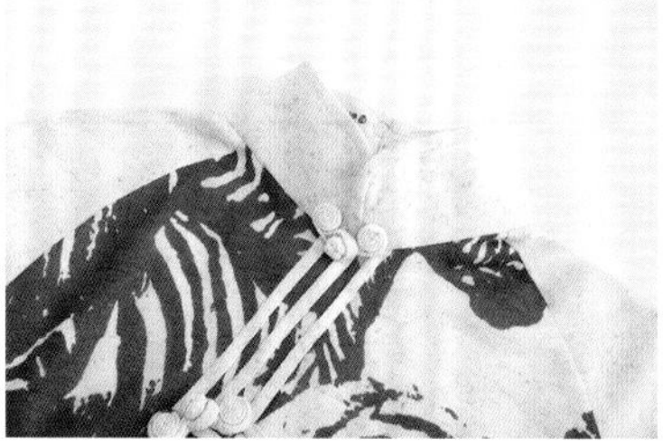

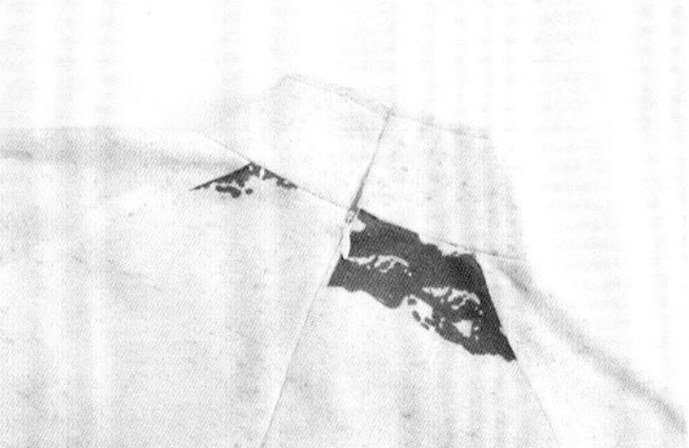

02 宫廷风改良长袍

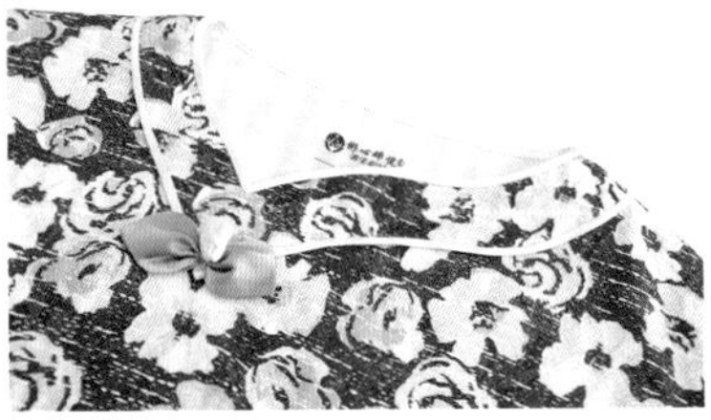

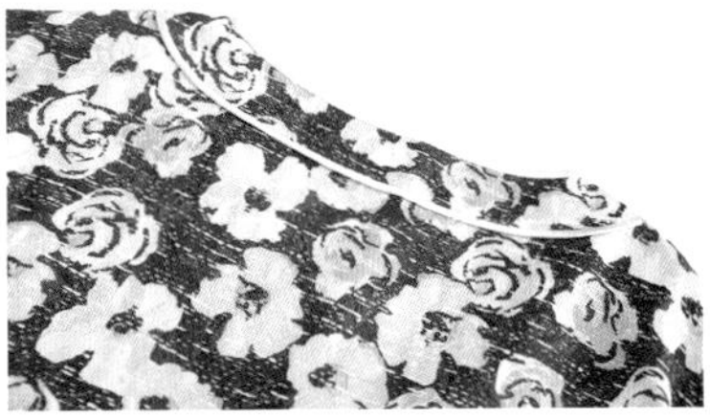

03 改良紫色艺术连衣裙

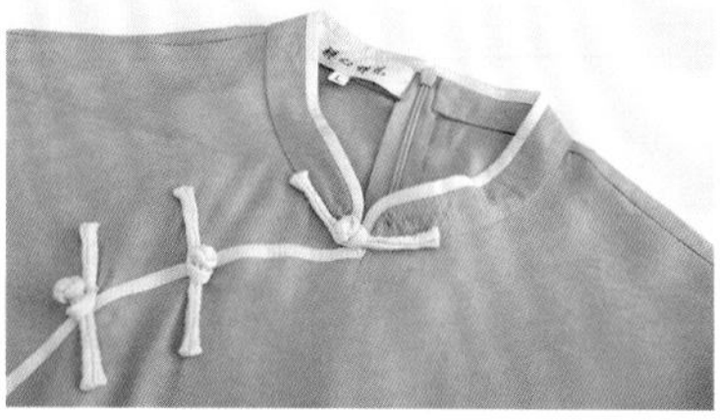

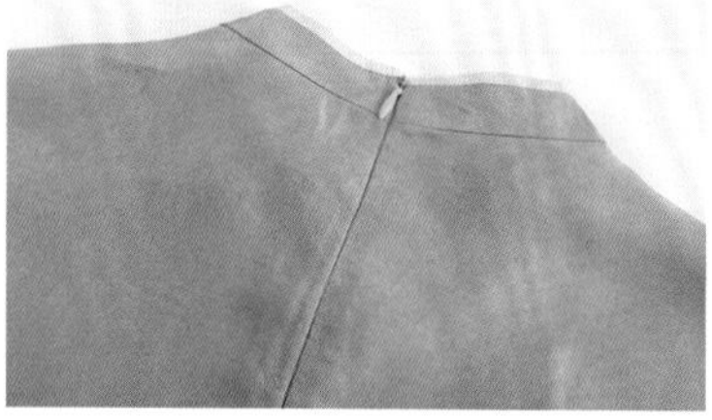

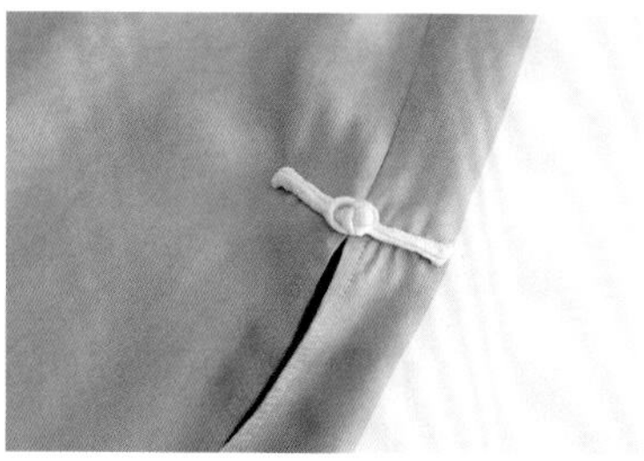

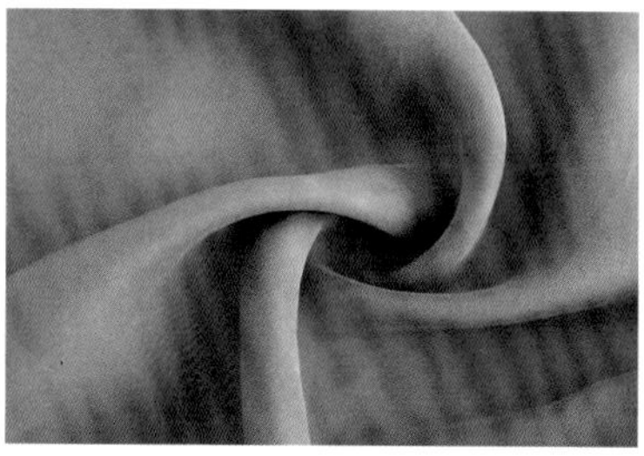

04 老布镶拼经典旗袍

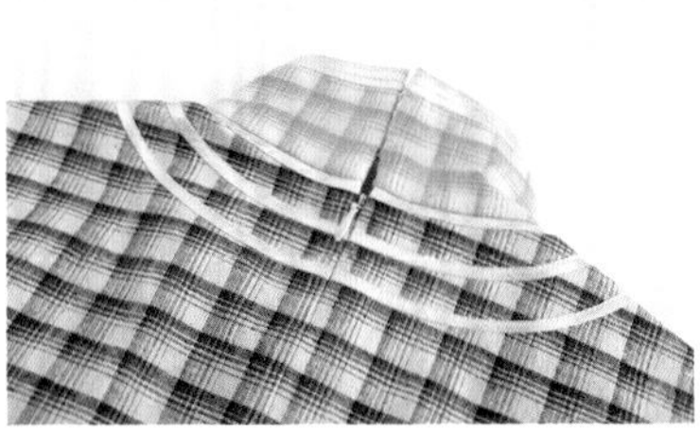

第十八章　振鹭

01 新式面料长袍裙

02 老布镶拼麻深裙

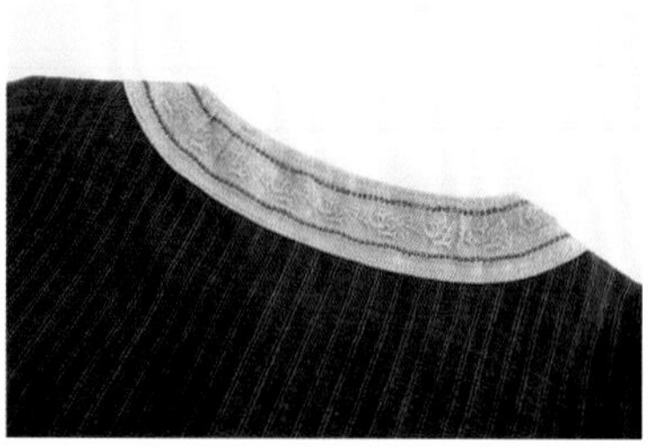

03 改良仕女袍裙

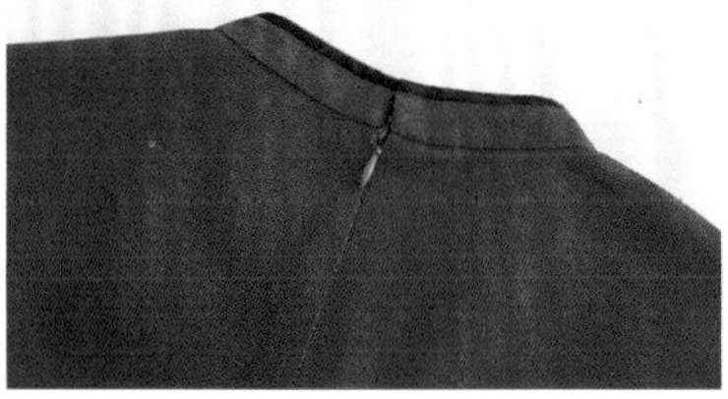

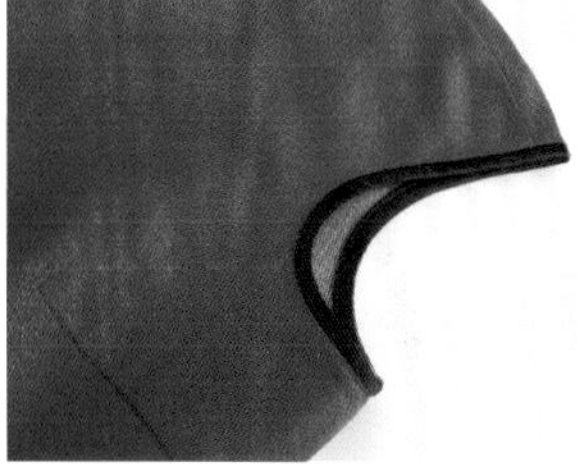

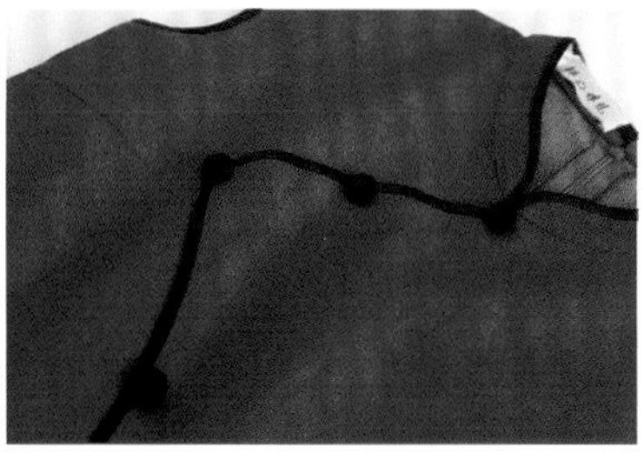

04 蓝老布镶拼马甲

05 改良修身氅

06 手绘艺术旗袍

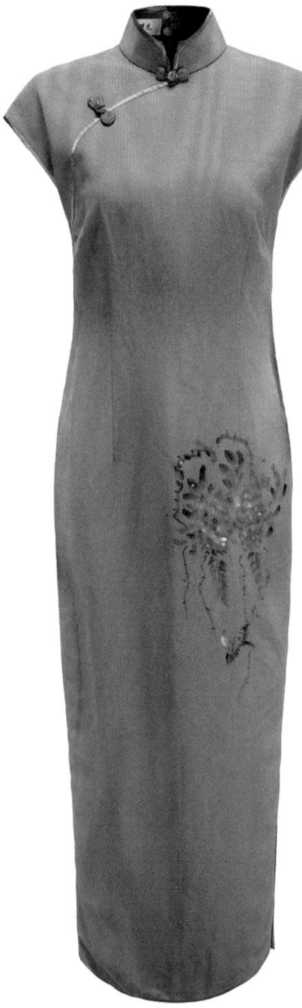

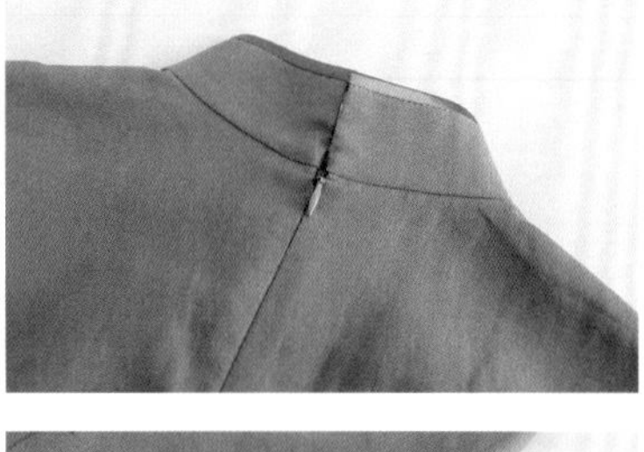

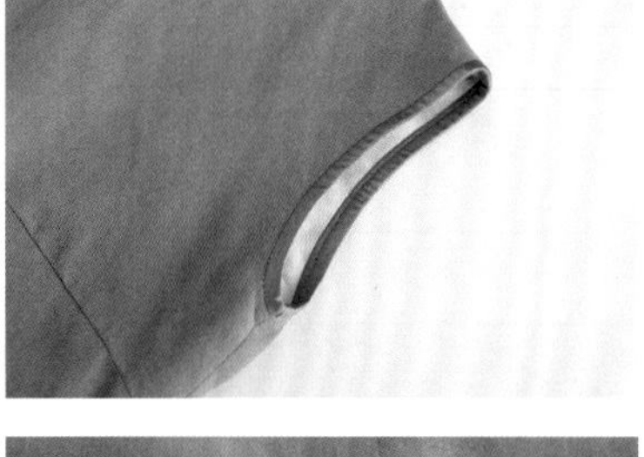

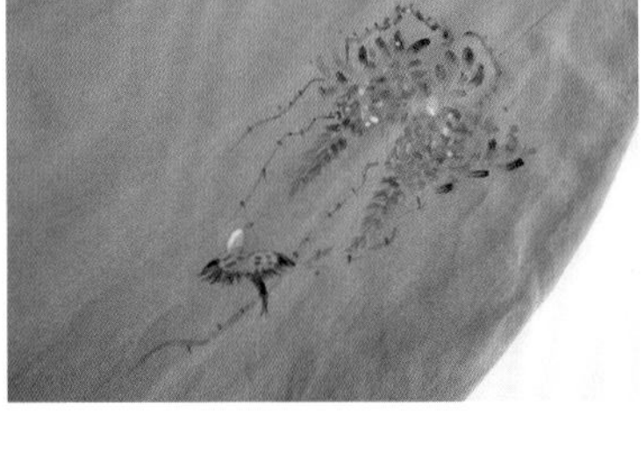

07 女先生经典旗袍

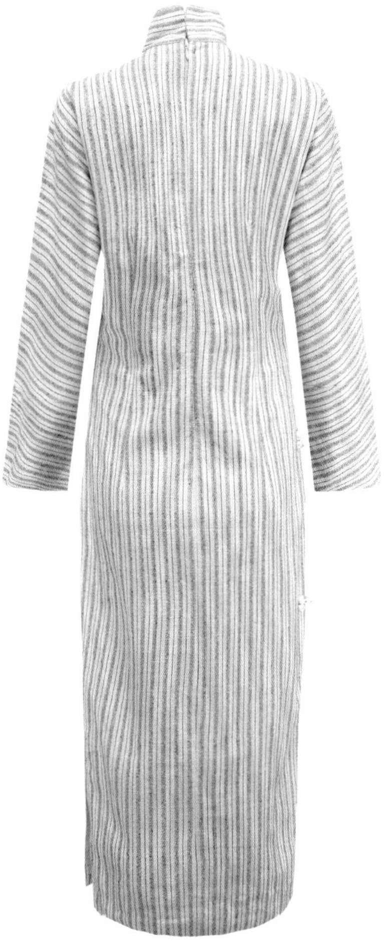

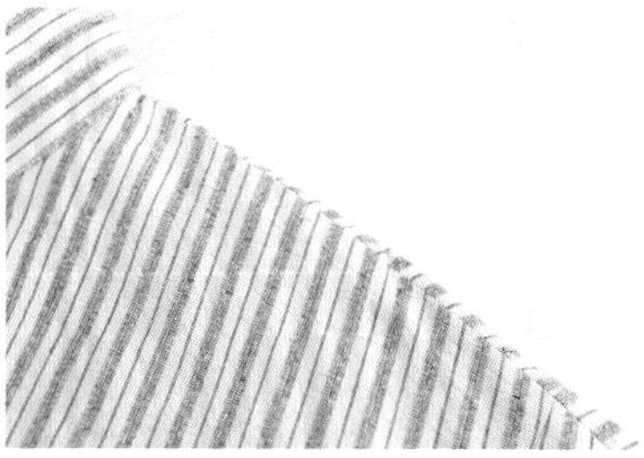

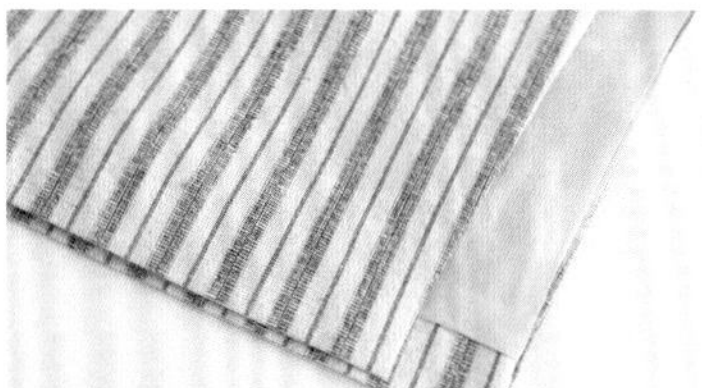

第十九章　棫朴

01 手工民族风氅

02 西域风氅

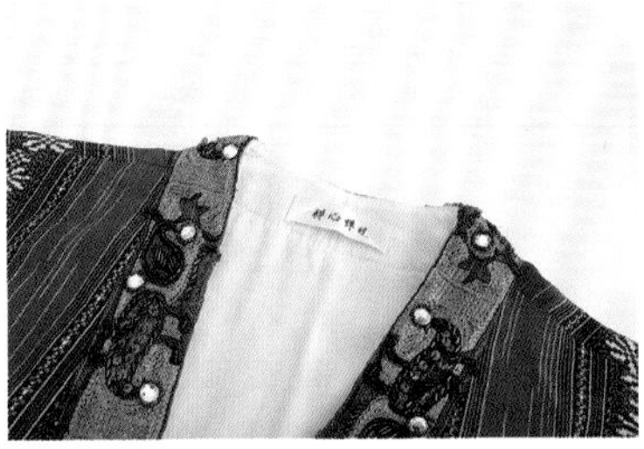

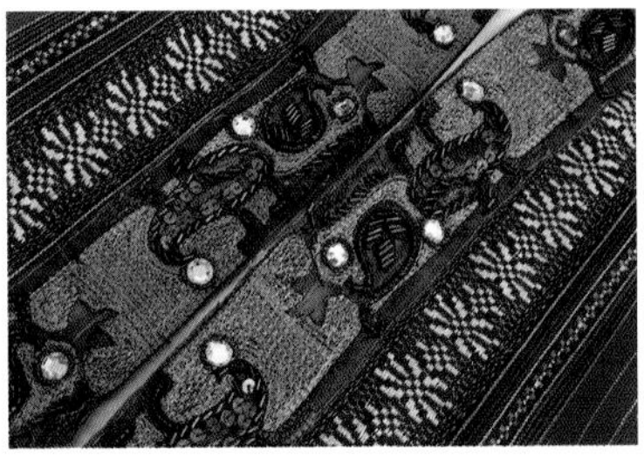

03 苗花改良旗袍

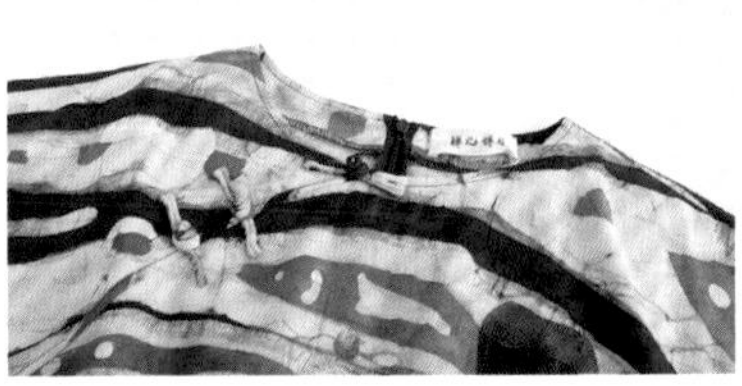

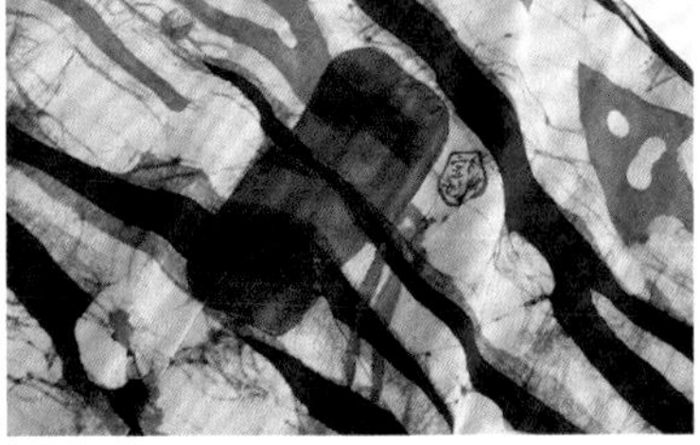

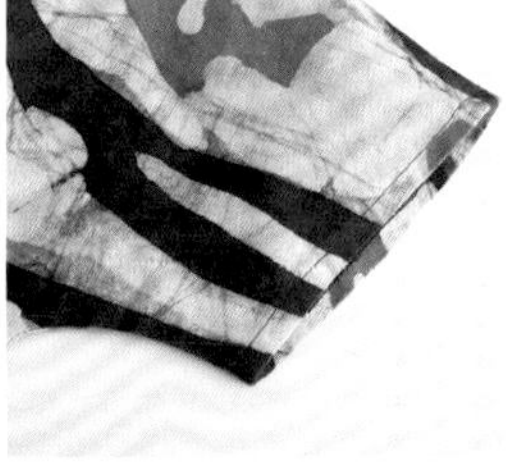

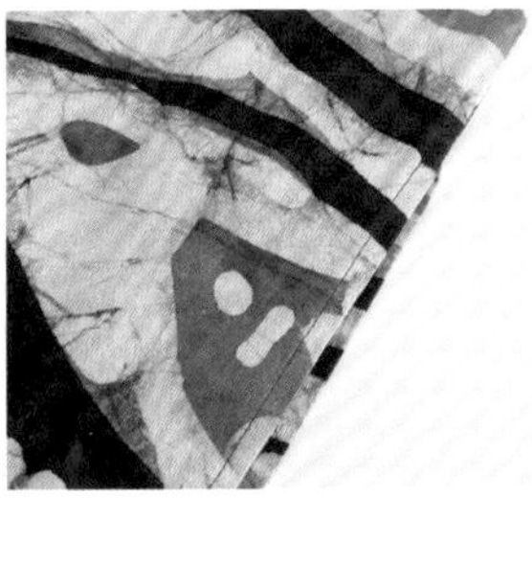

04 老布镶拼艺术夏旗袍

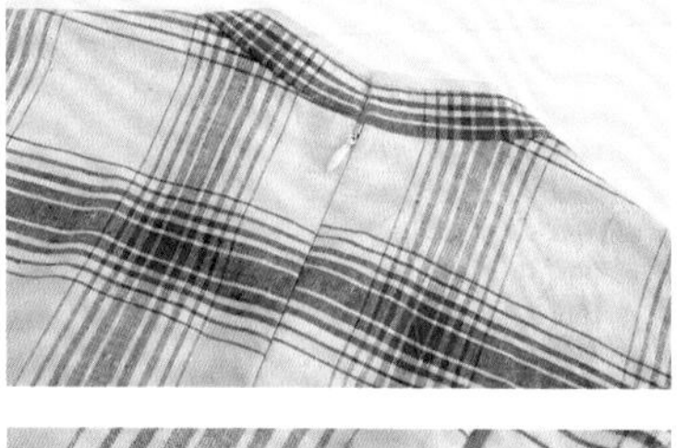

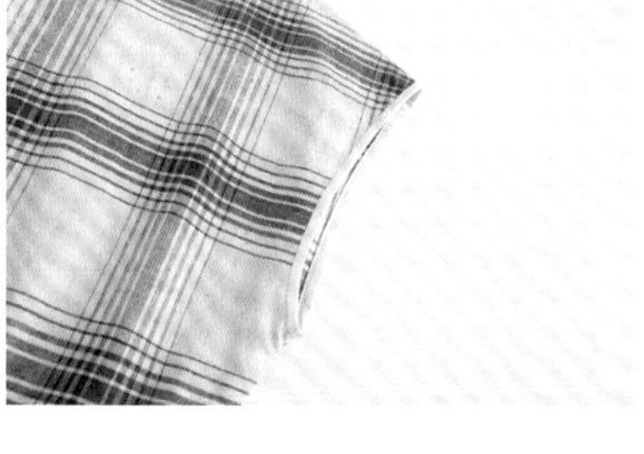

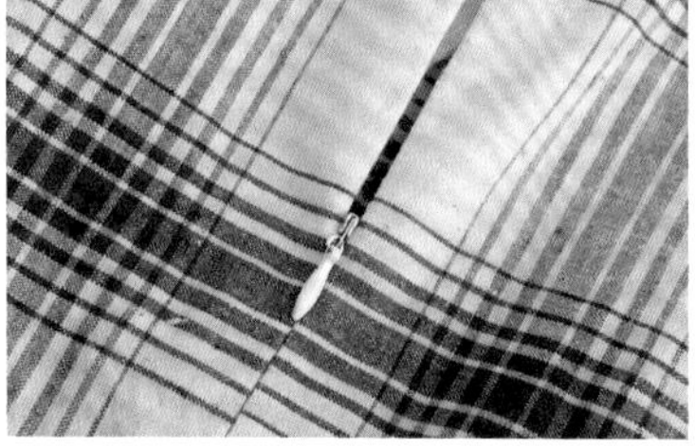

05 老布镶拼夏旗袍

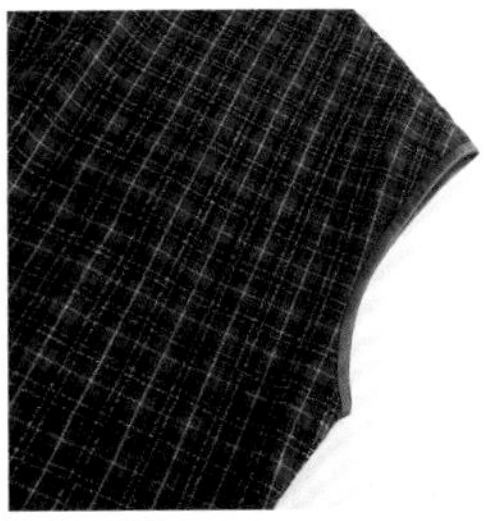

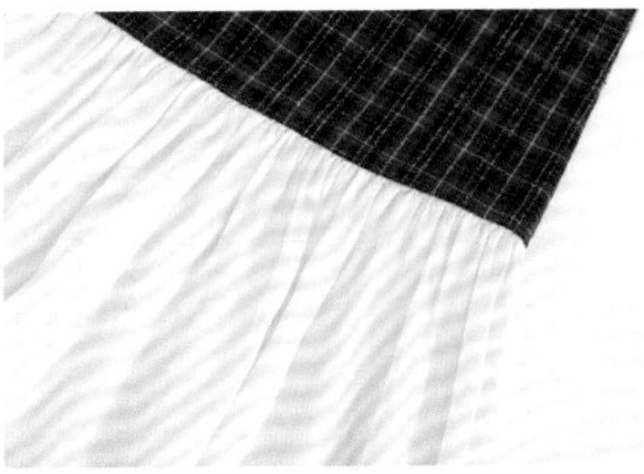

06 老布镶拼红格艺术旗袍

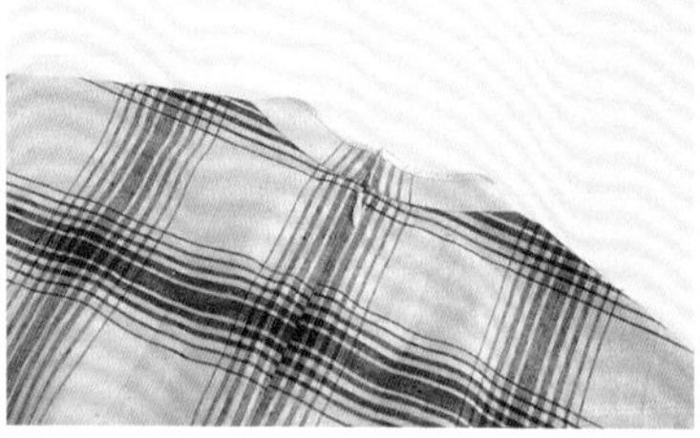

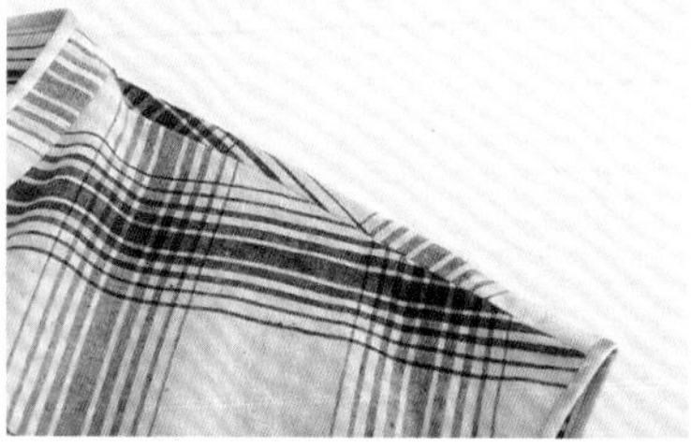

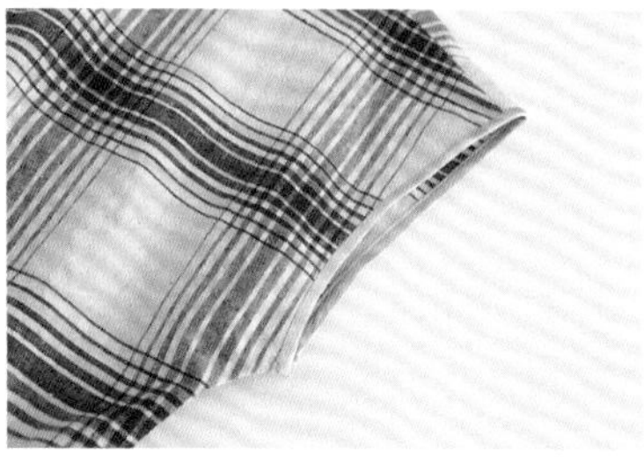

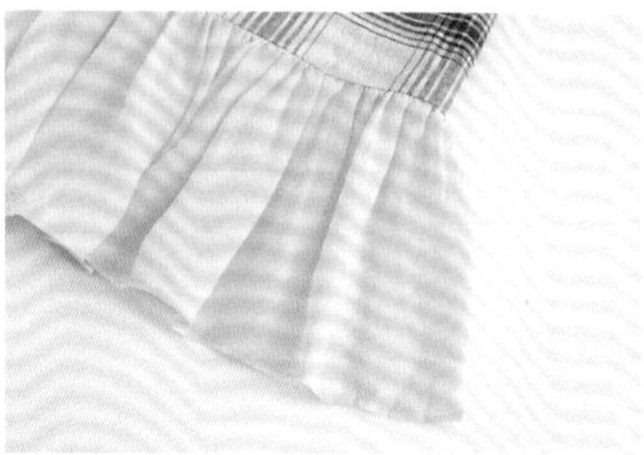

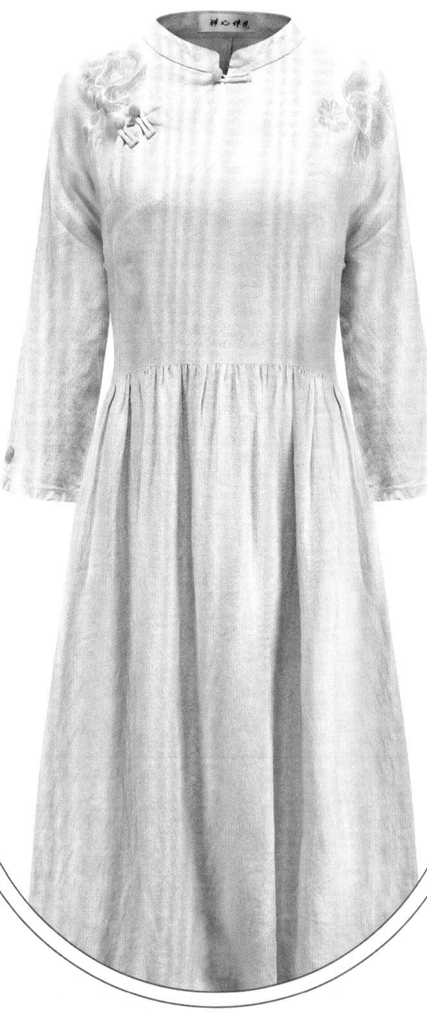

第二十章　时迈

01 老布镶拼经典旗袍

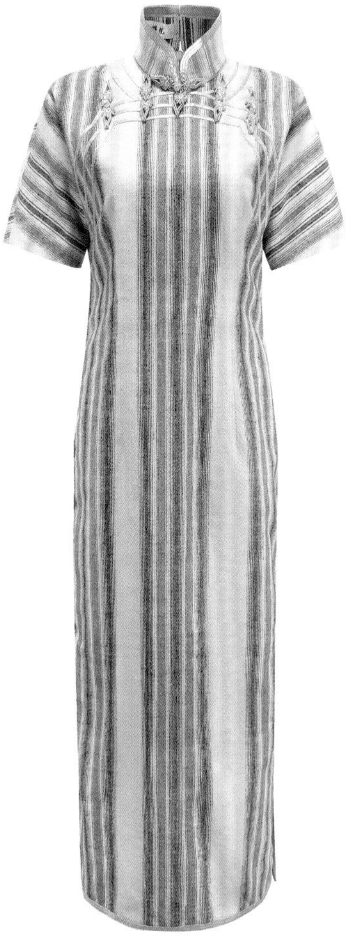

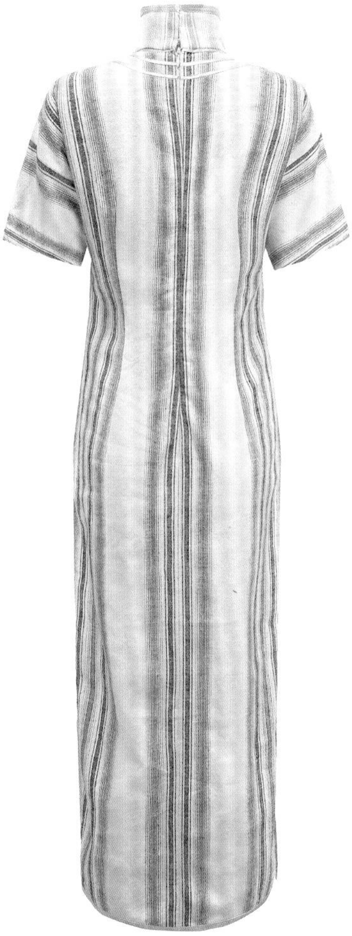

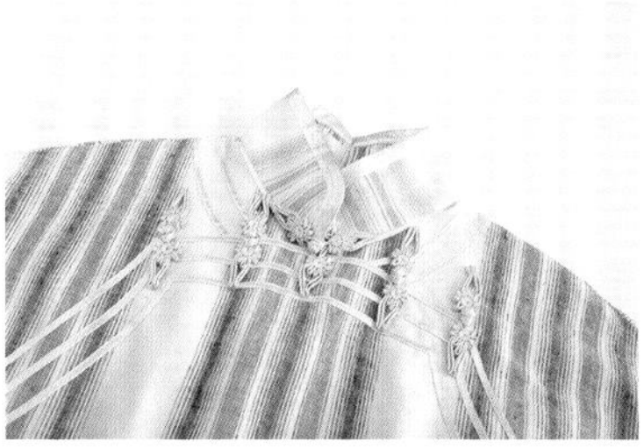

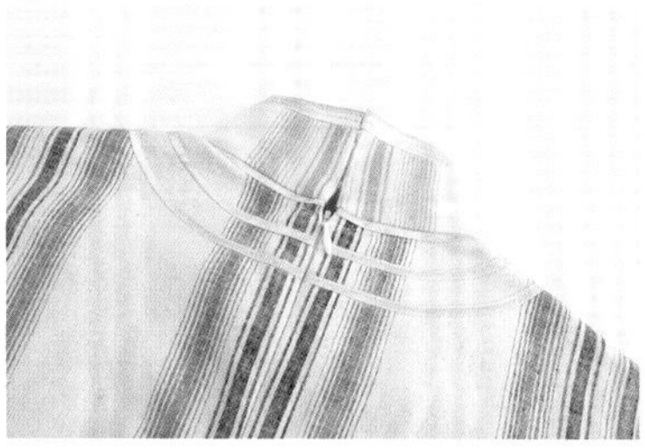

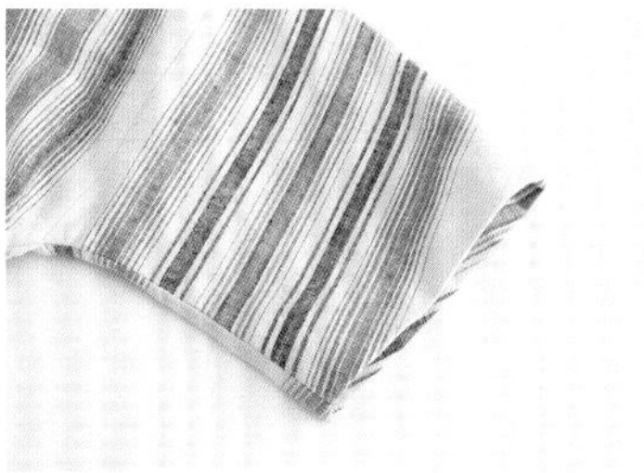

02 手绘麻艺术深裙

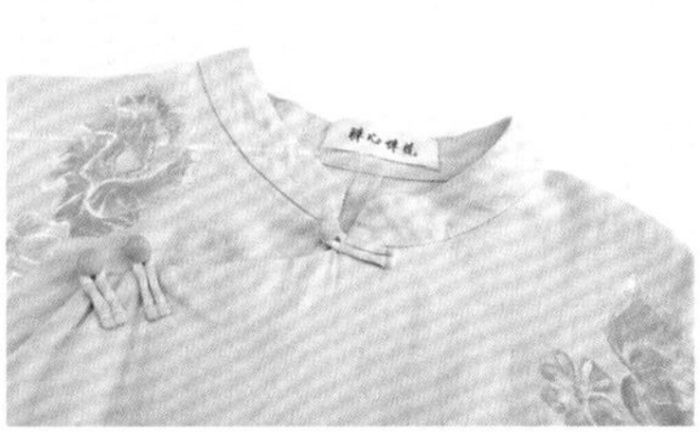

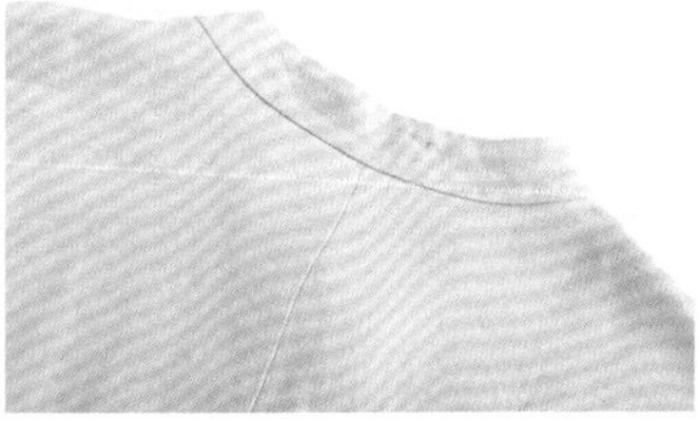

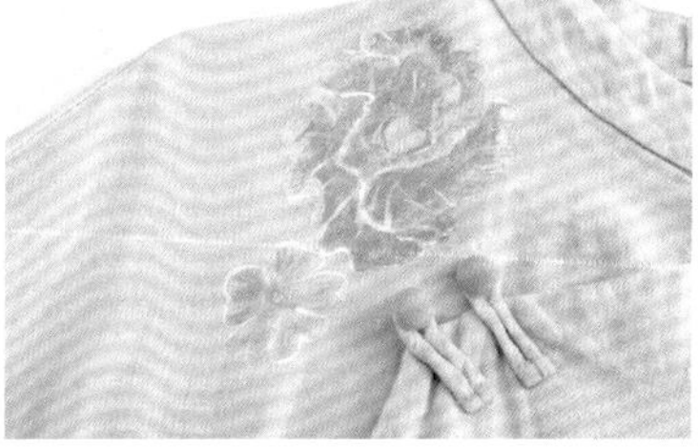

03 淑女修身氅披肩

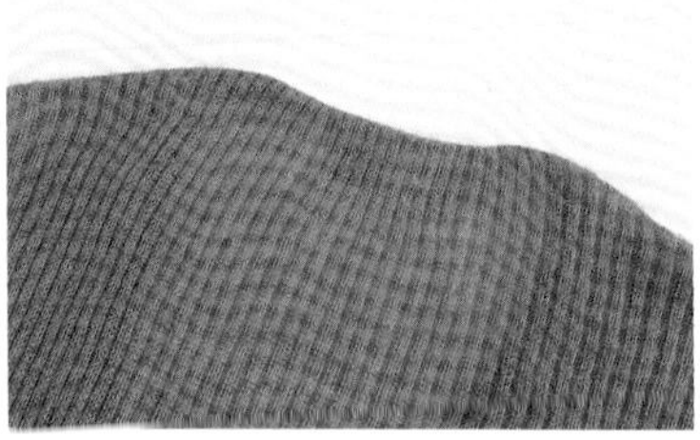

04 冬礼服

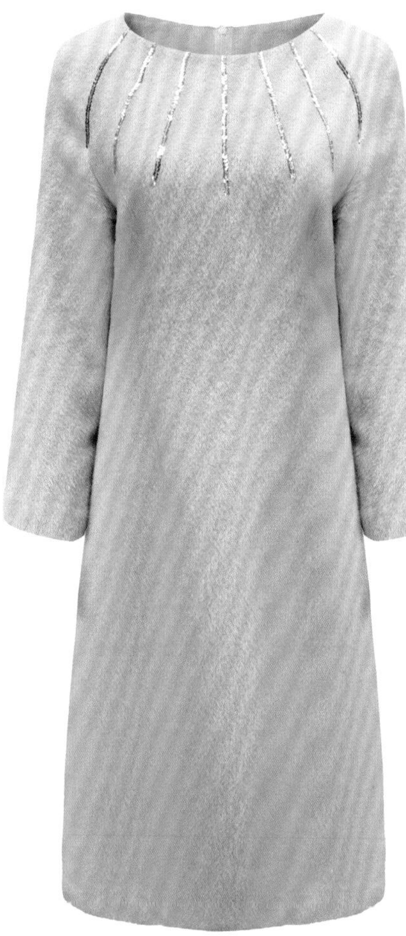

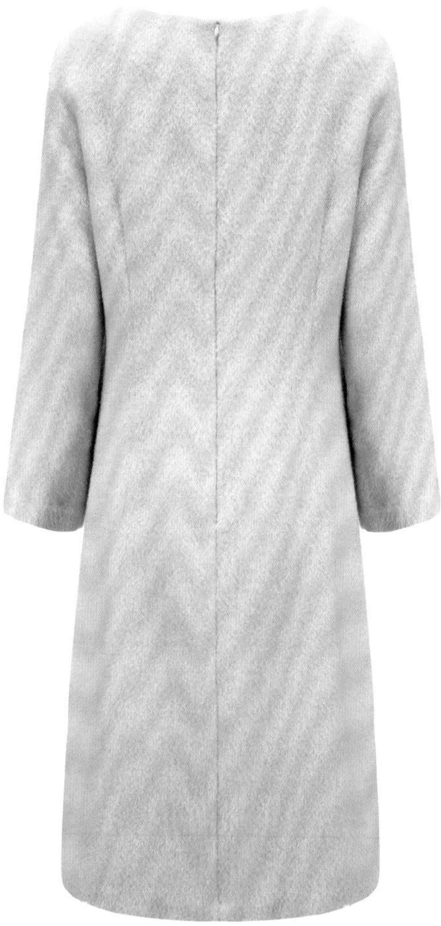

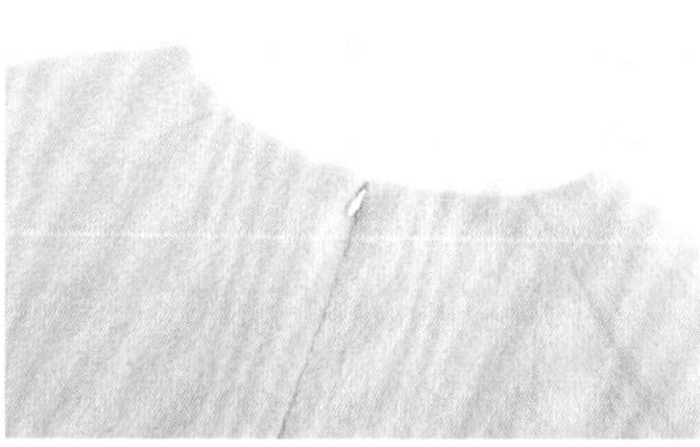

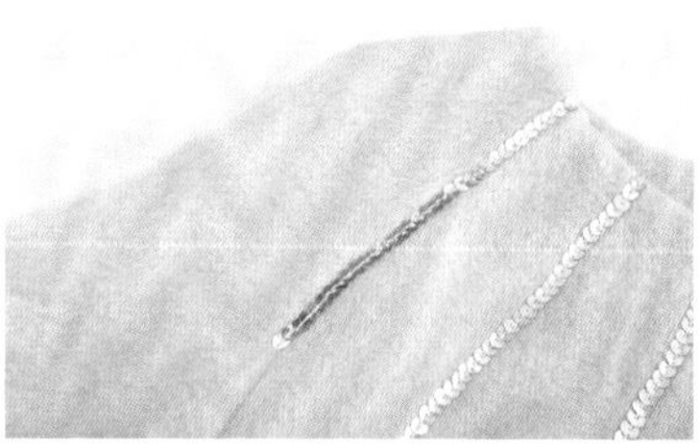

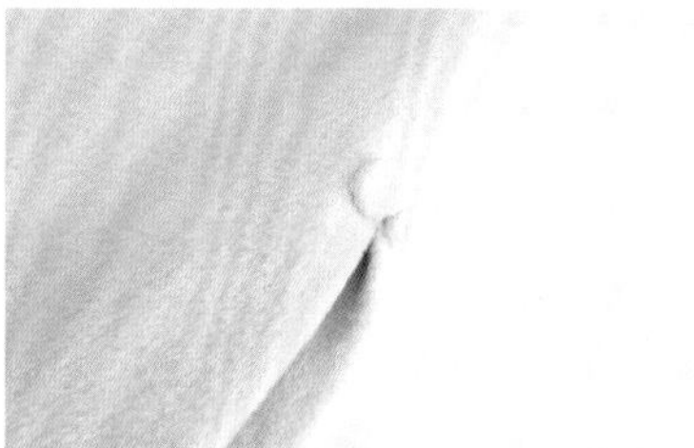

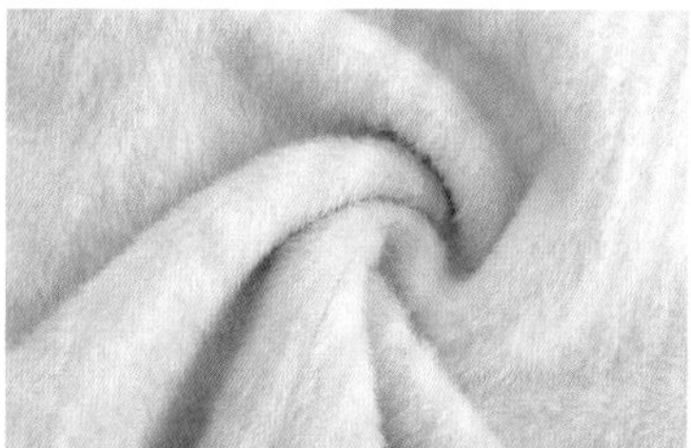

第二十一章 丰年

01 包布改良深居旗袍

02 老布镶拼文艺胫

03 绿麻手绘生态华氅

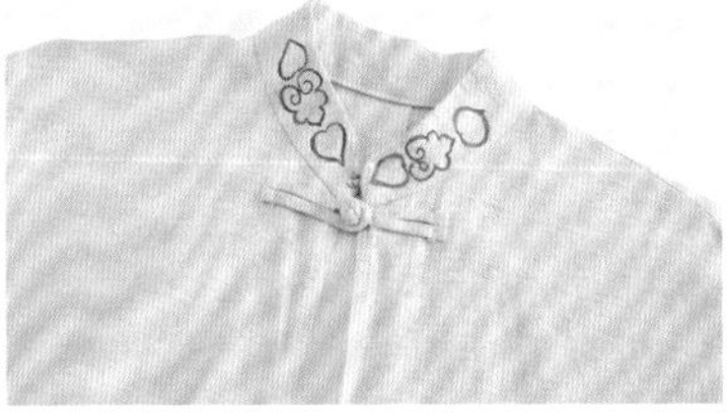

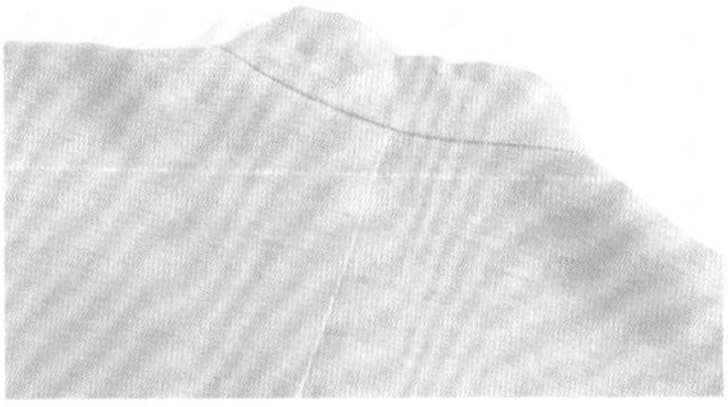

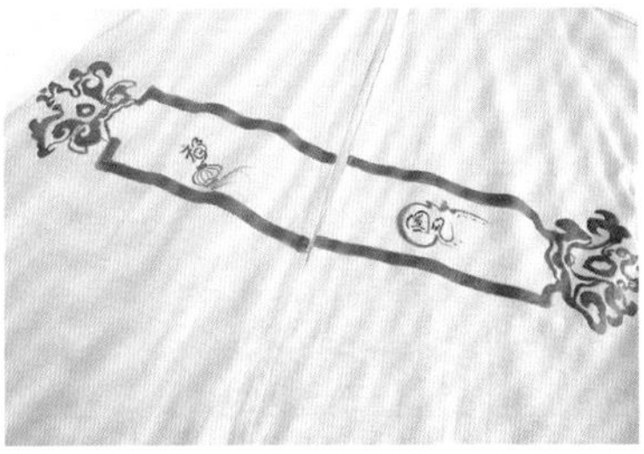

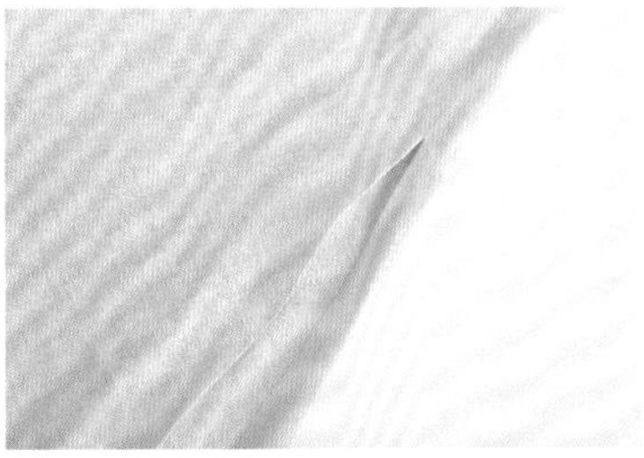

04 蓝老布艺术深袍

05 羊绒冬季旗袍

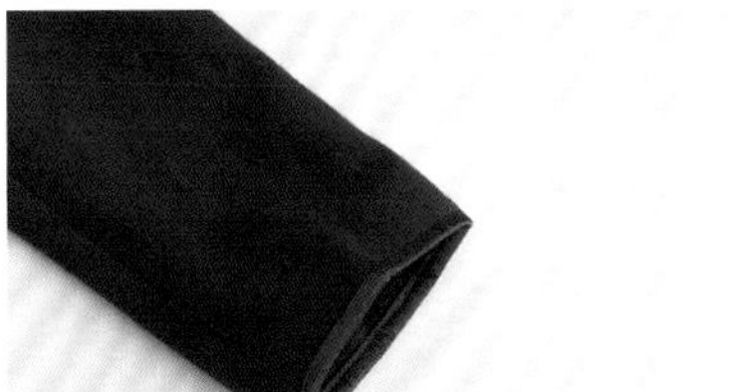

06 包布深居立领旗袍

07 手绘缎面旗袍

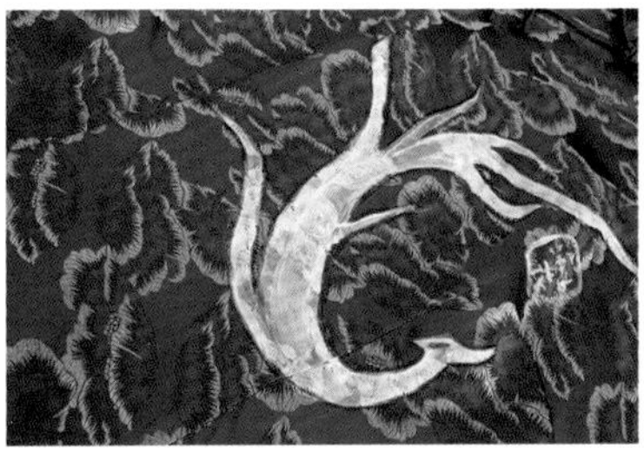

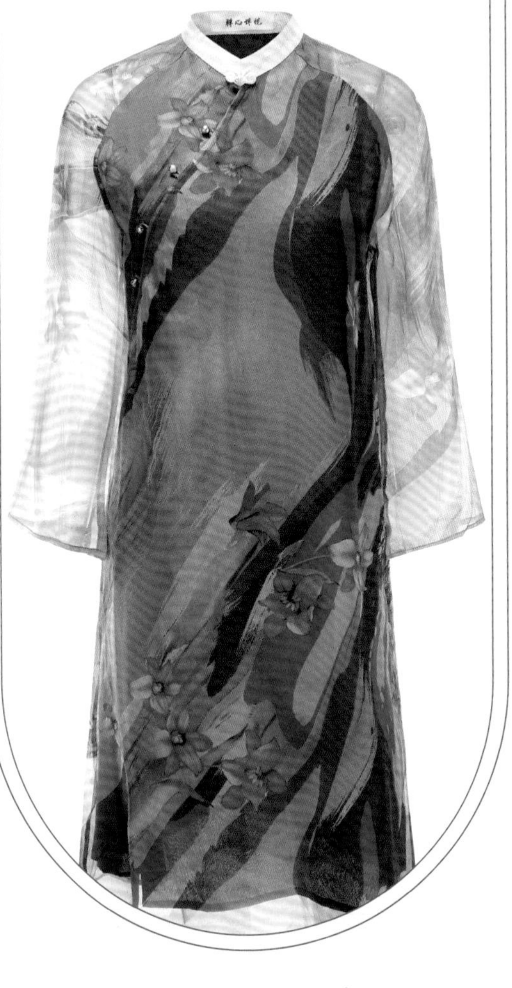

第二十二章　硕人

01 丹凤华丽旗袍

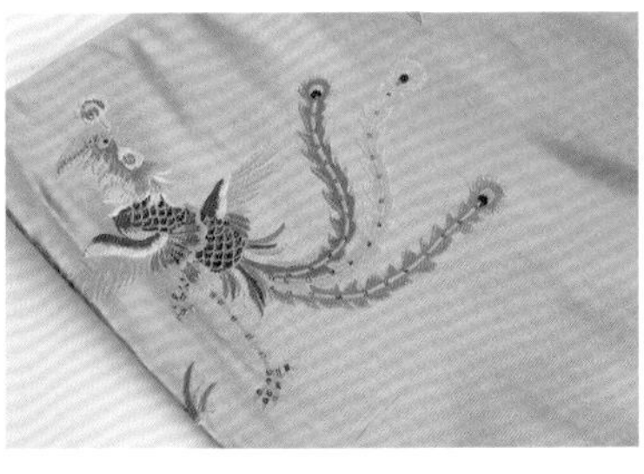

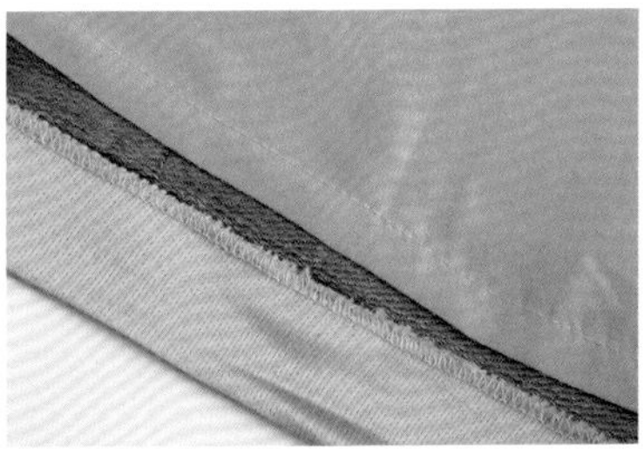

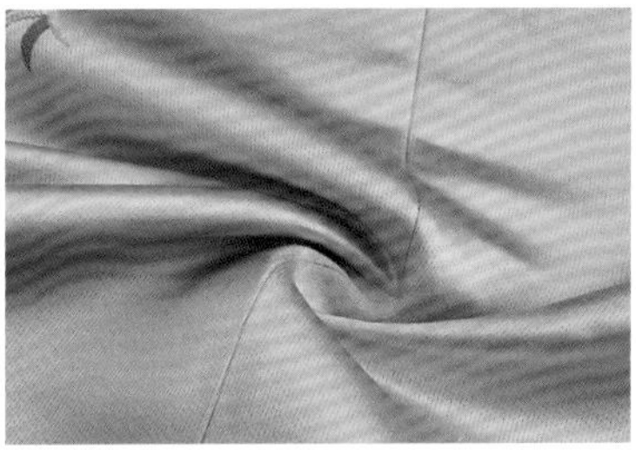

02 包布艺术夹旗袍

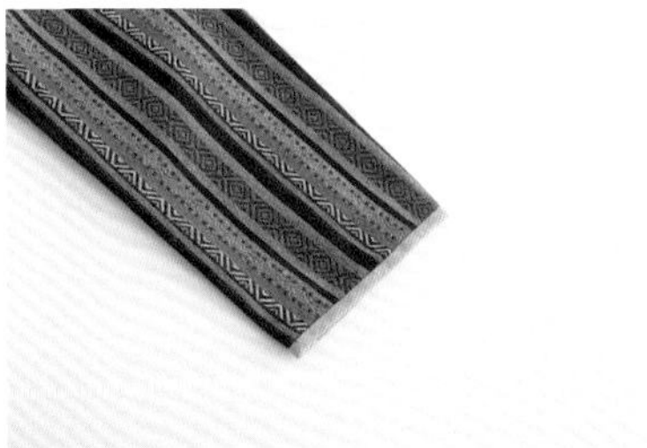

03 女先生经典旗袍

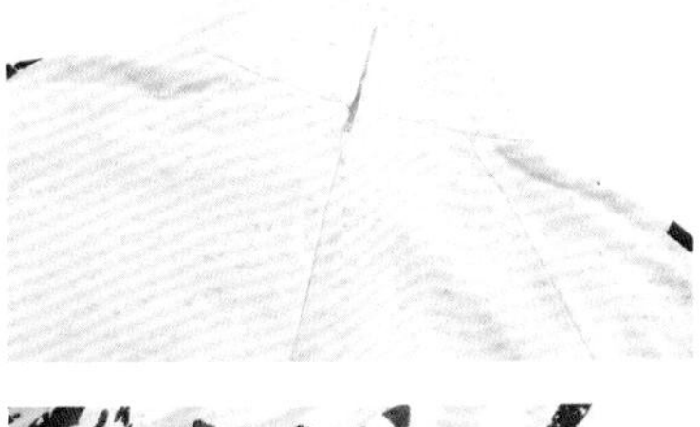

04 艺术修身氅

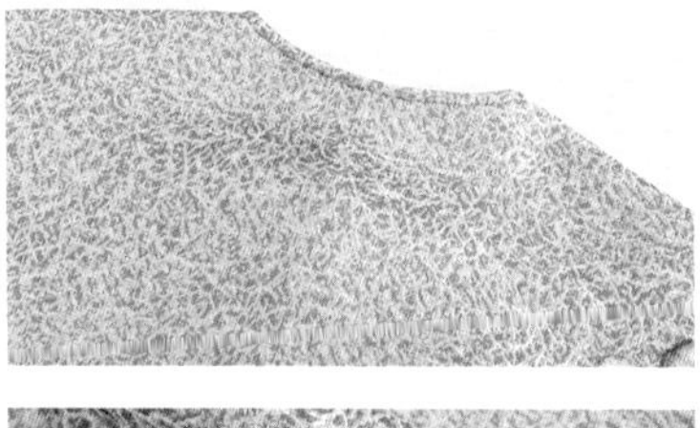

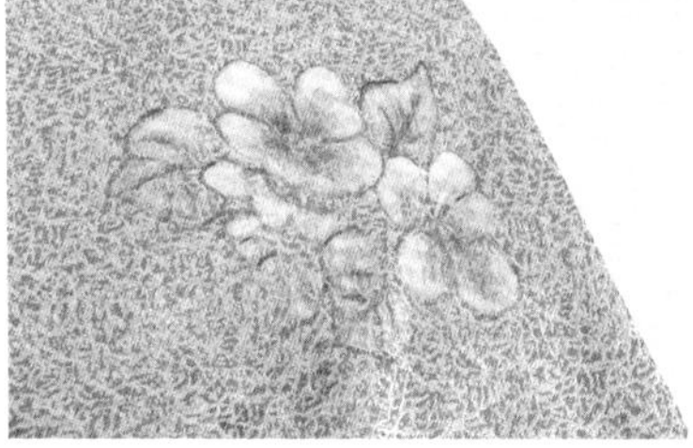
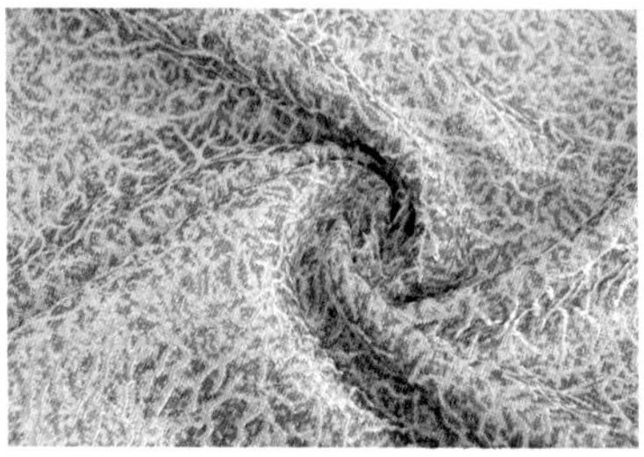

05 水墨袍裙

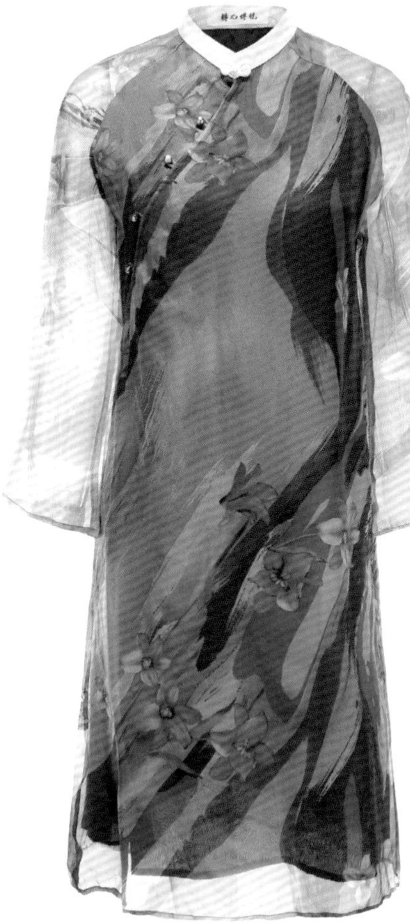

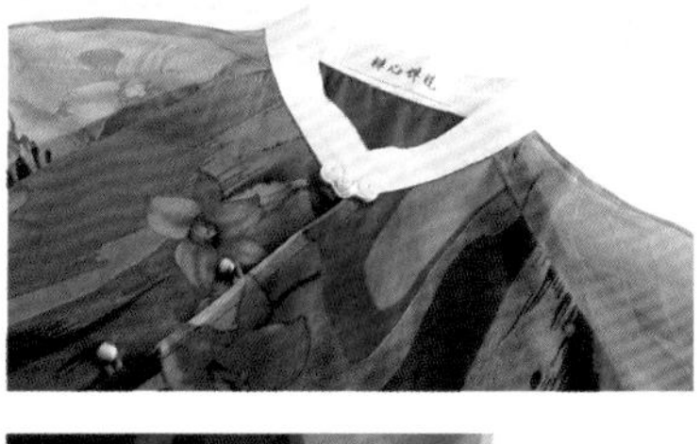

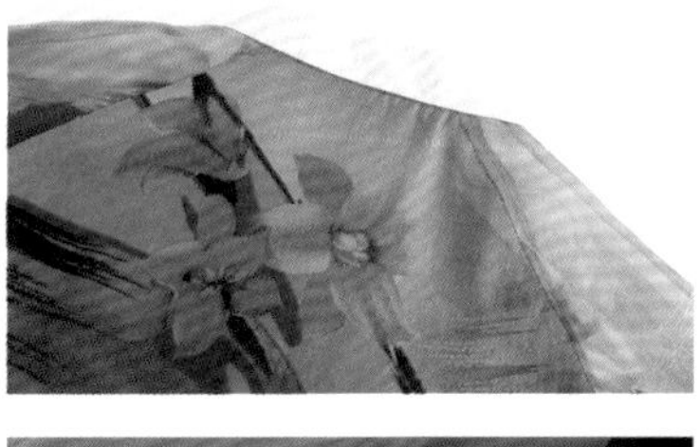

06 西域风镶拼夹袍

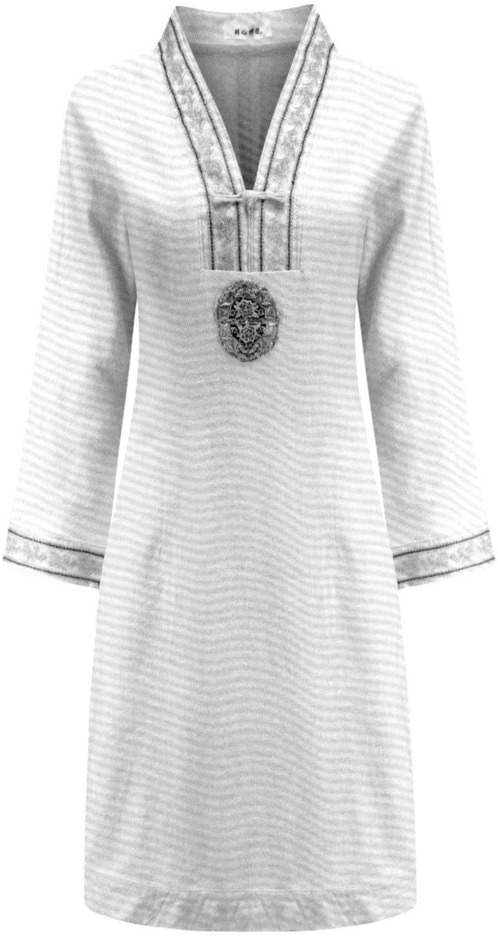

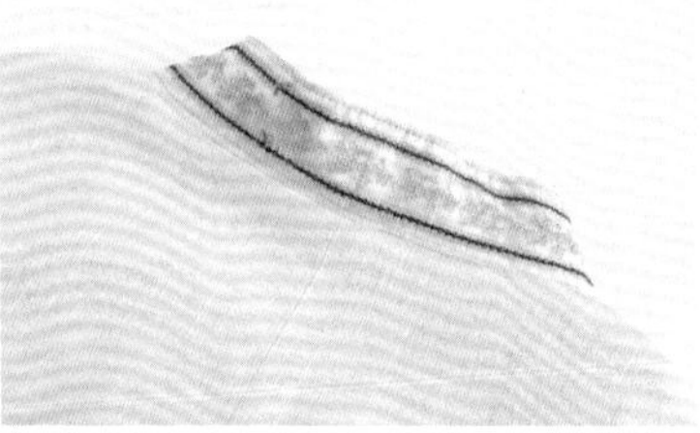

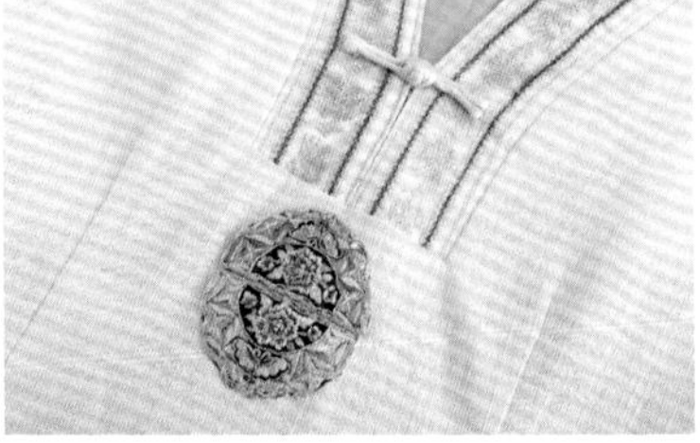

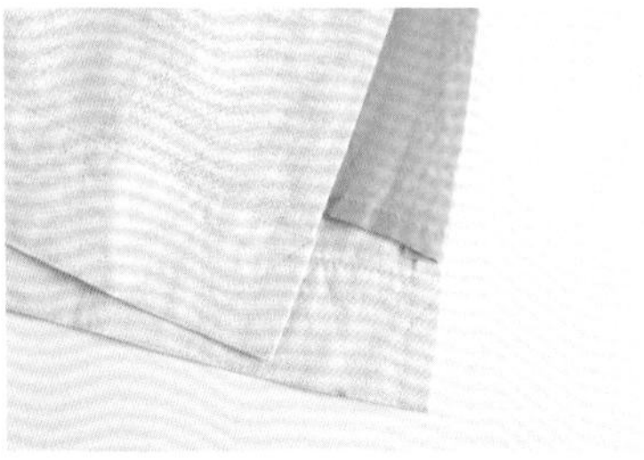

07 鹅黄筒旗袍

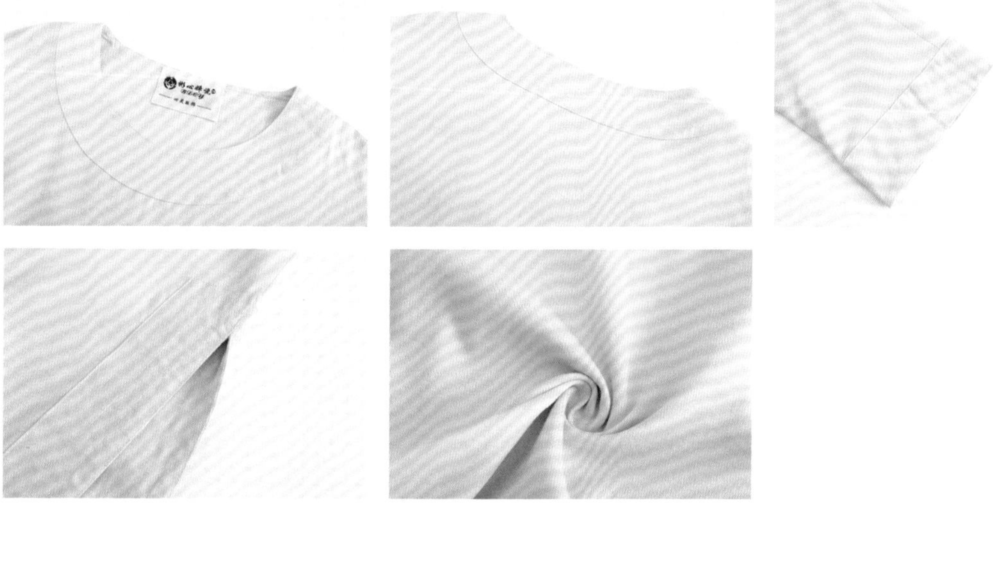

第二十三章　邕佳

01 苗金花女先生旗袍

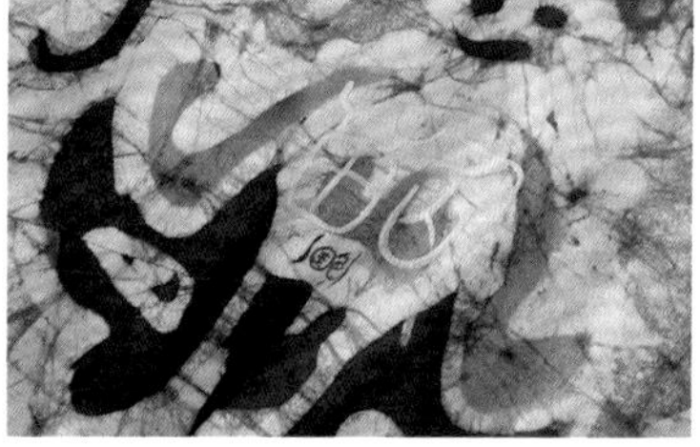

02 麻质手绘文艺襦裙

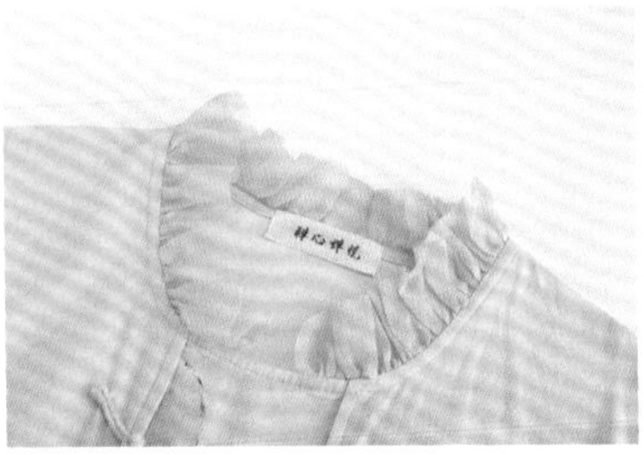

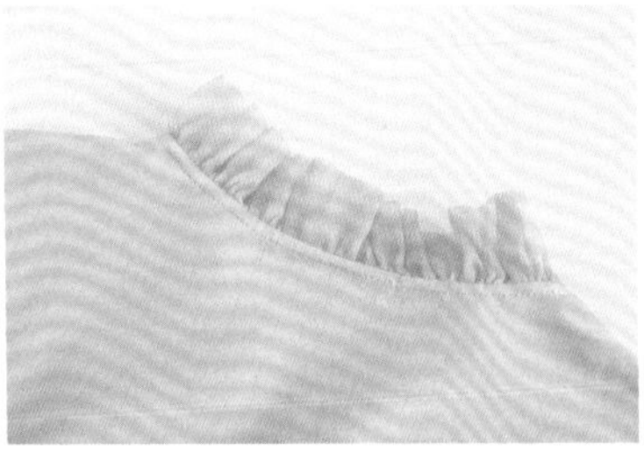

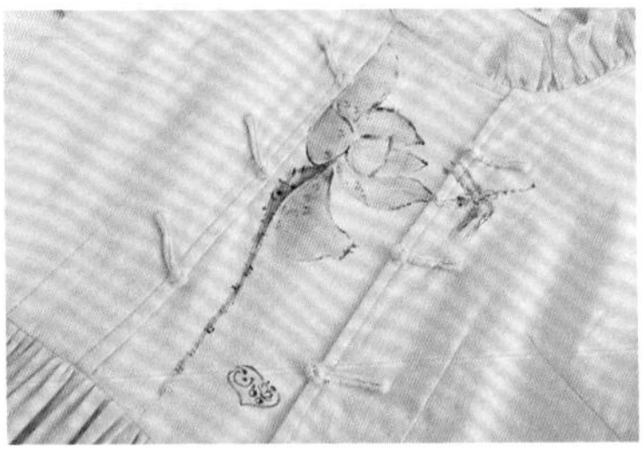

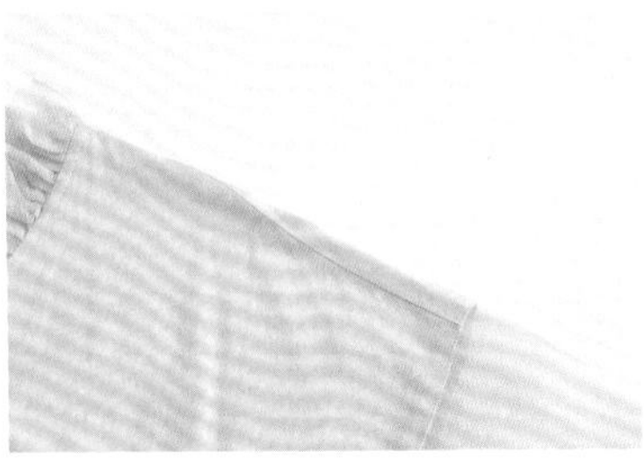

03 生态袍裙

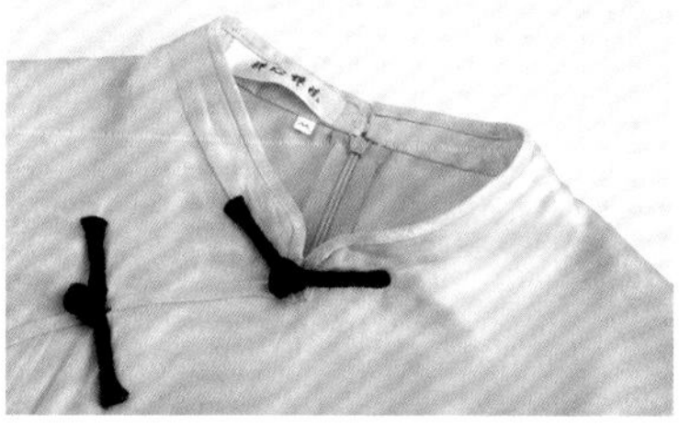

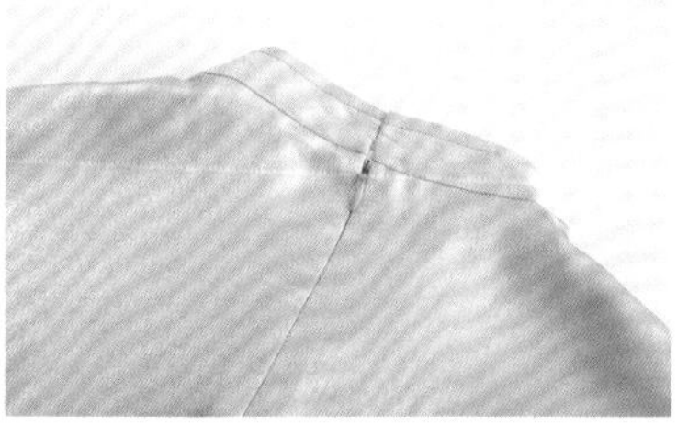

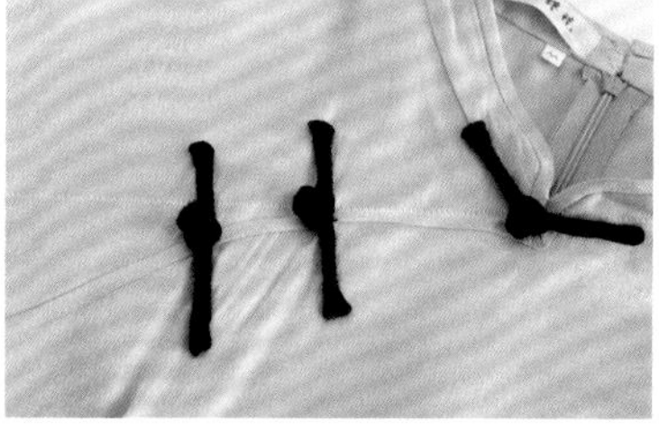

04 手绘文艺上衣

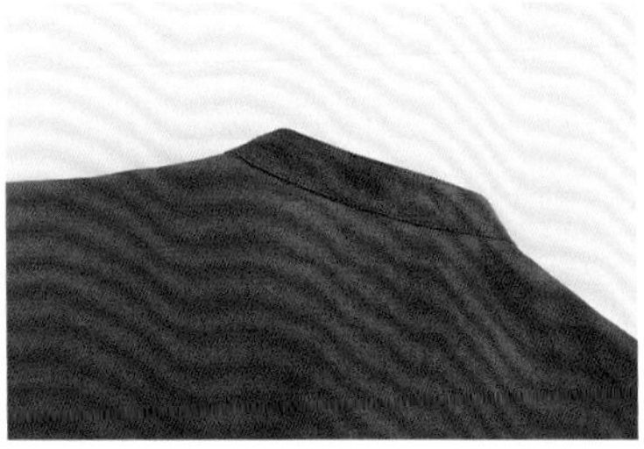

05 西域风氅

06 手绘文艺茶服

07 西域风夹袍

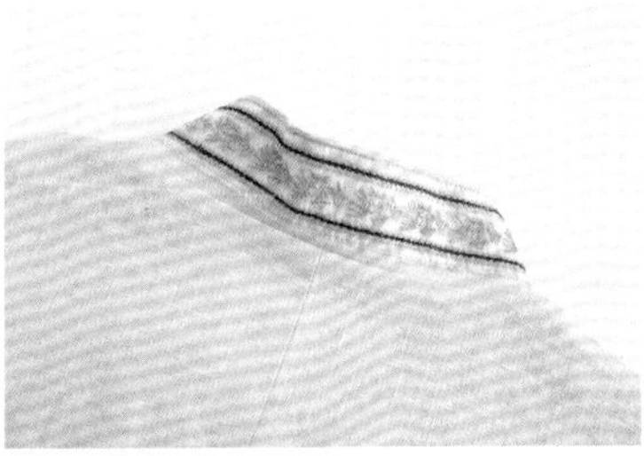

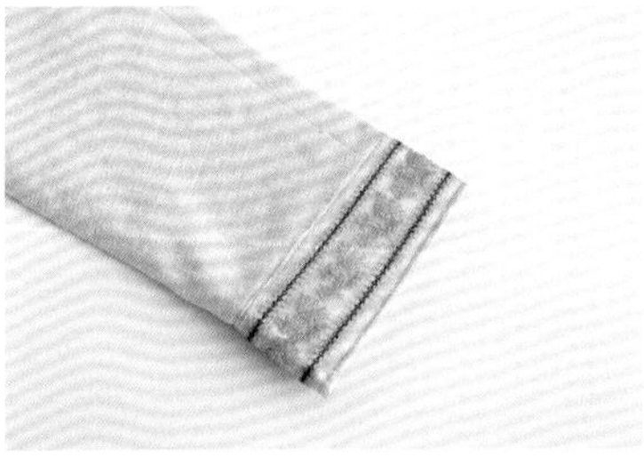

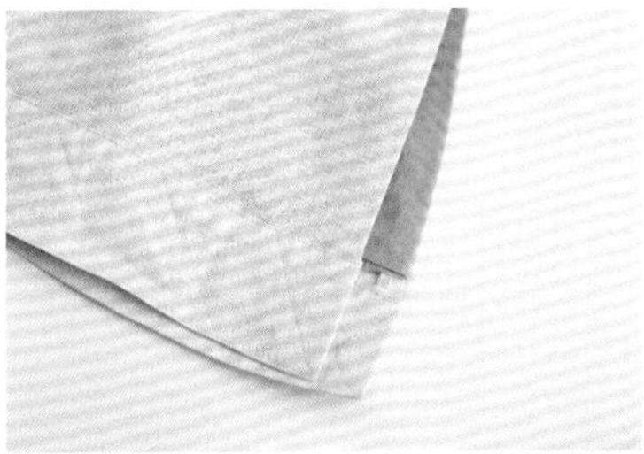

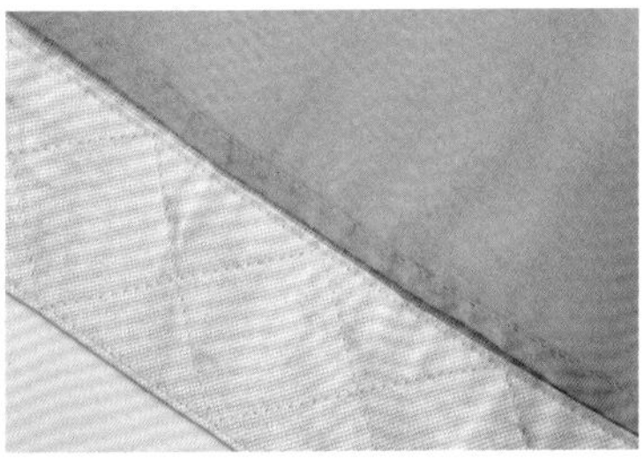

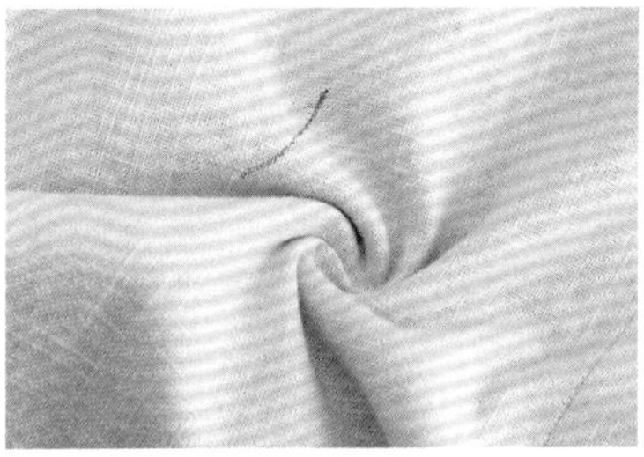

08 老布镶拼秀丽上衣

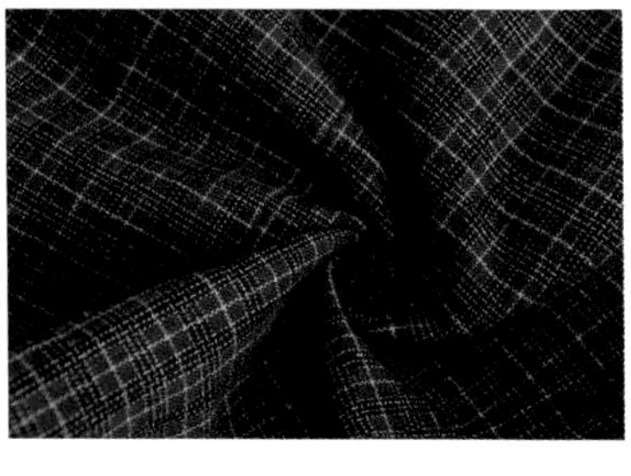

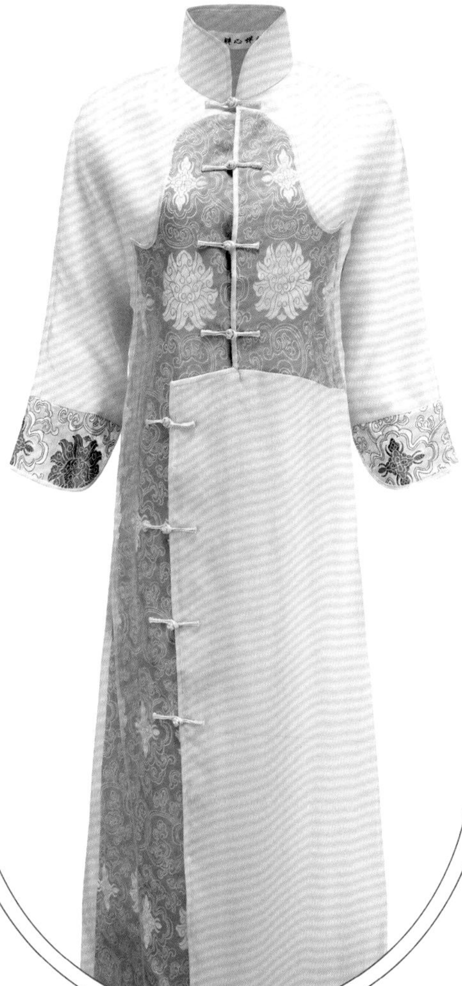

第二十四章　静女

01 改良青花女先生襦裙

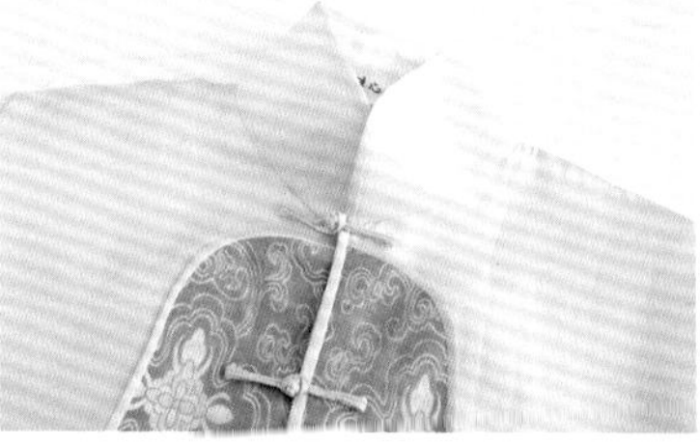

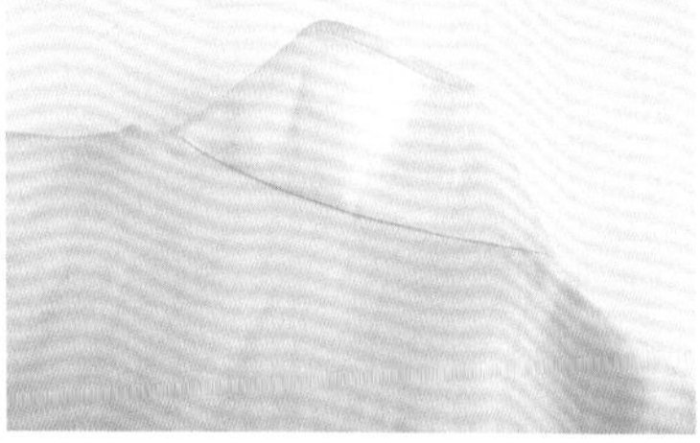

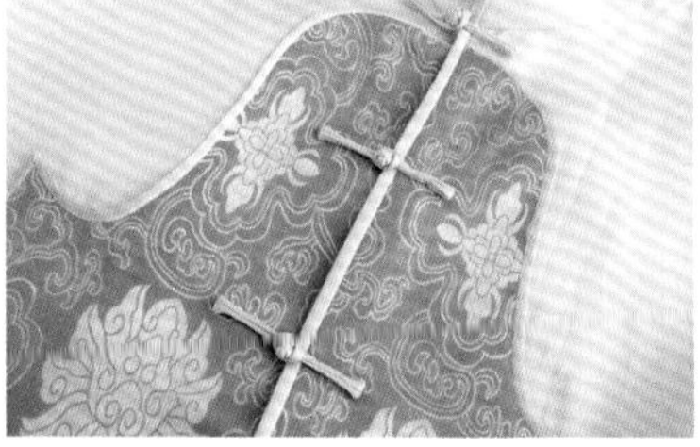

02 老布镶拼夏襦裙

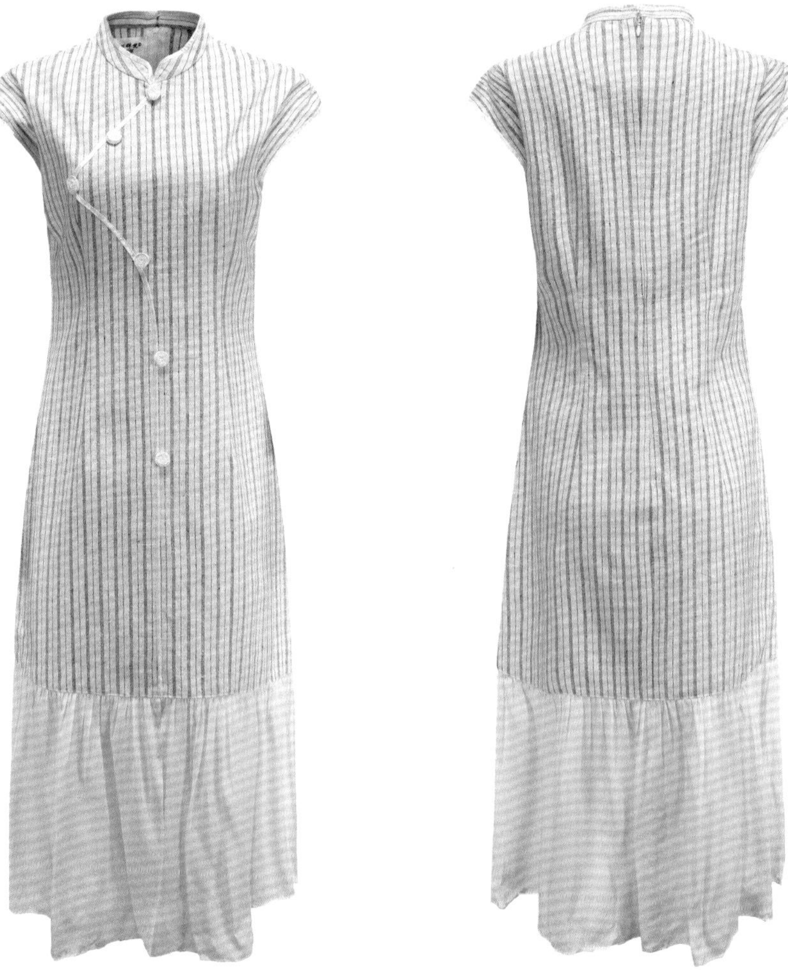

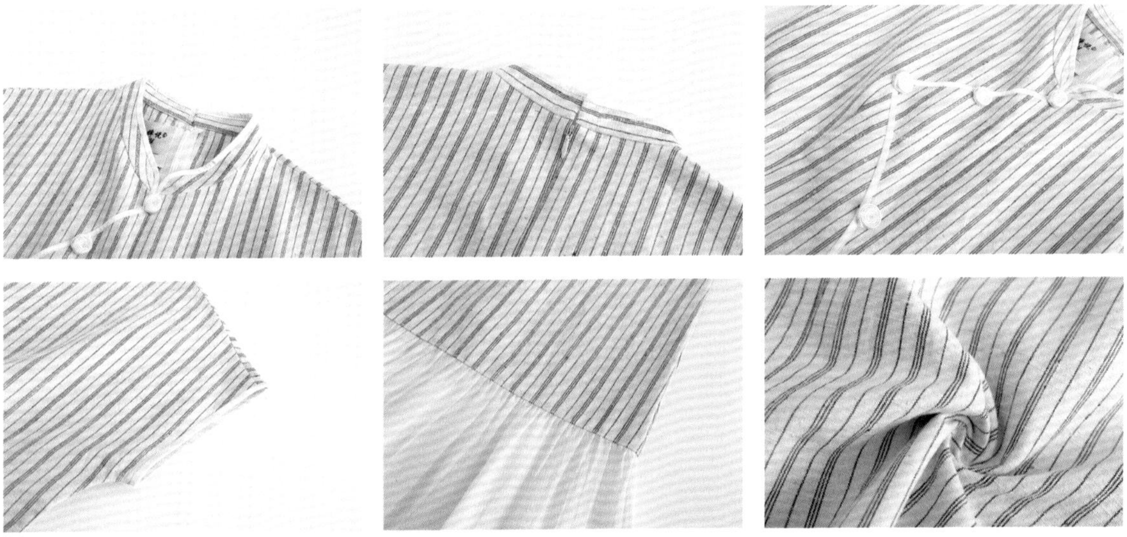

03 民女氅服

04 文艺青花襦裙袍

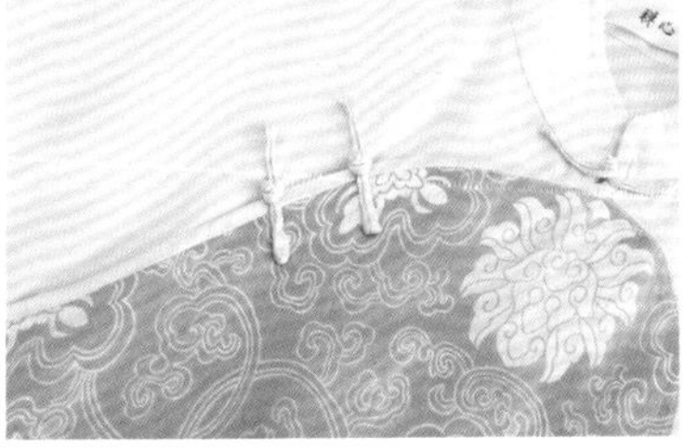

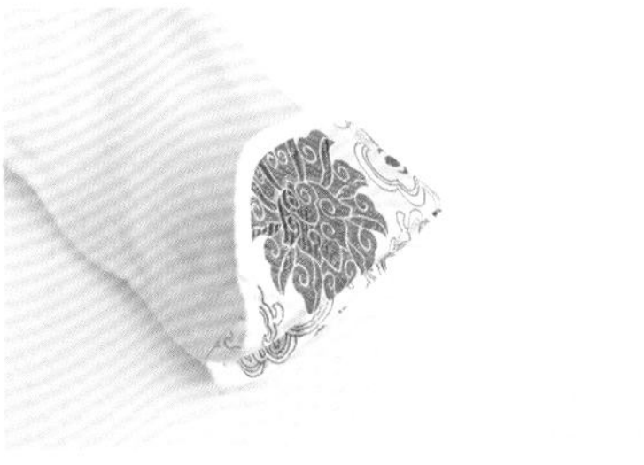

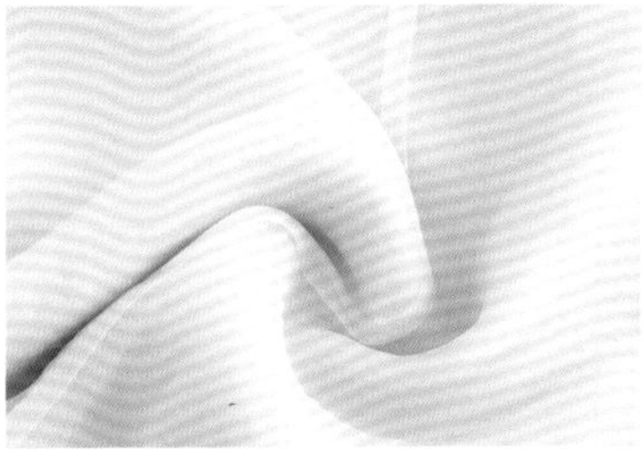

05 青花经典长袖旗袍

第二十五章　裳裳者华

01 士大夫华袍

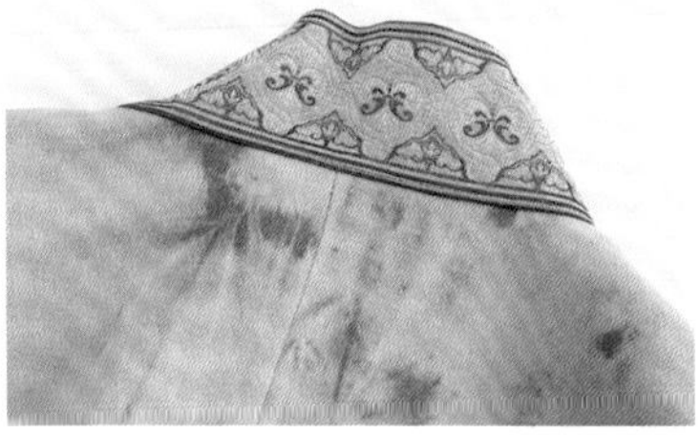

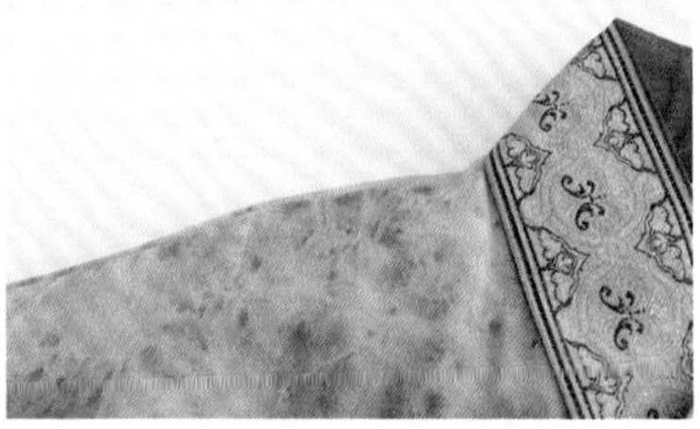

02 改良生态襦裙

03 龙凤短袖旗袍

04 改良襦袍

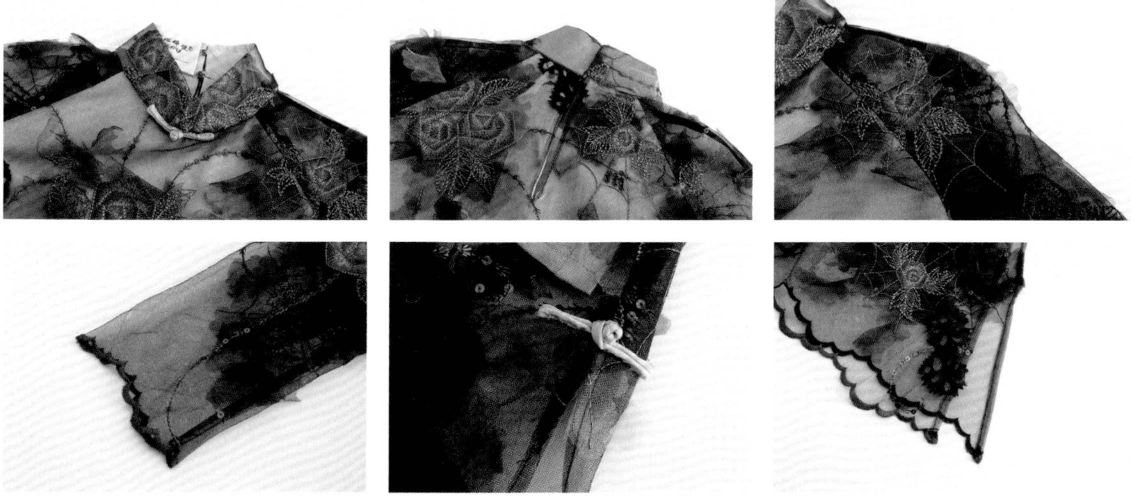

05 老布镶拼仕女襦裙

06 老布镶拼华氅袍

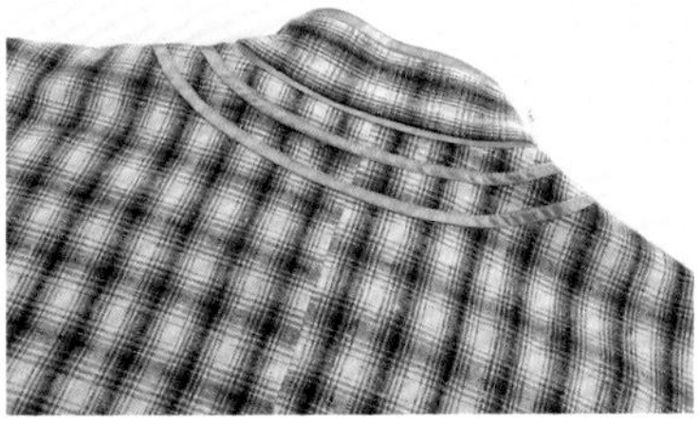

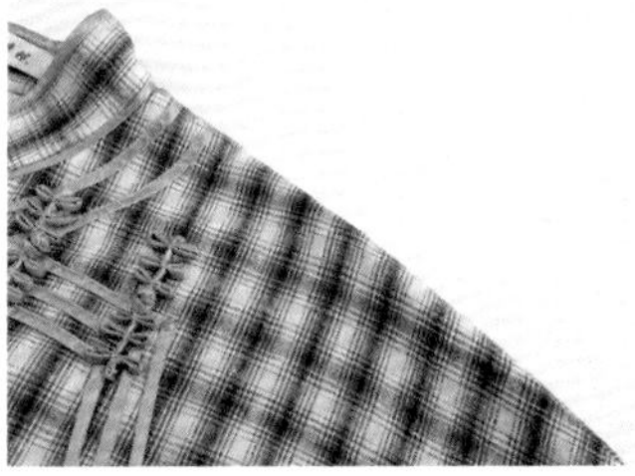

07 老布镶拼文秀旗袍

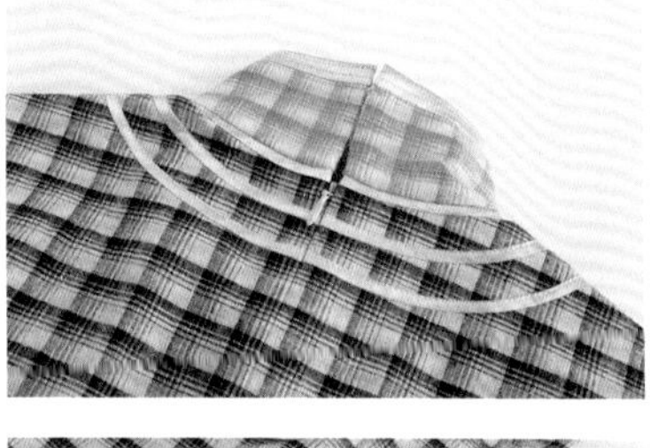

08 手绘生态文艺襦裙

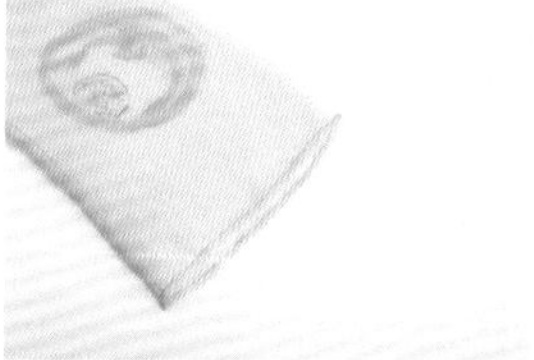

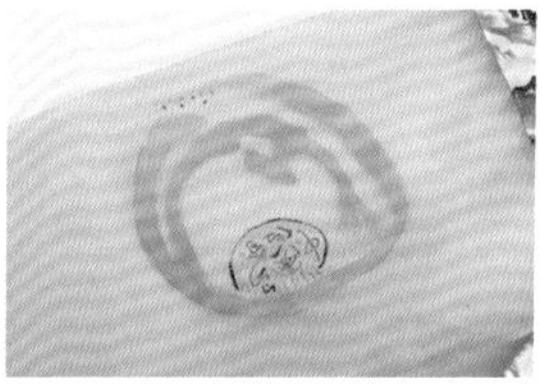

09 老布镶拼华氅

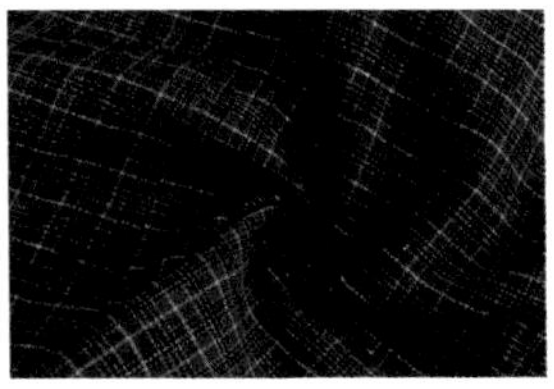

10 手绘文艺仕女襦裙

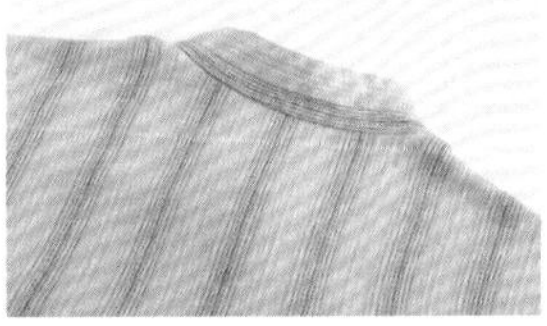

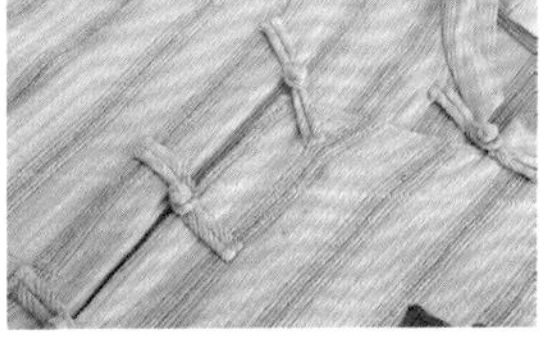

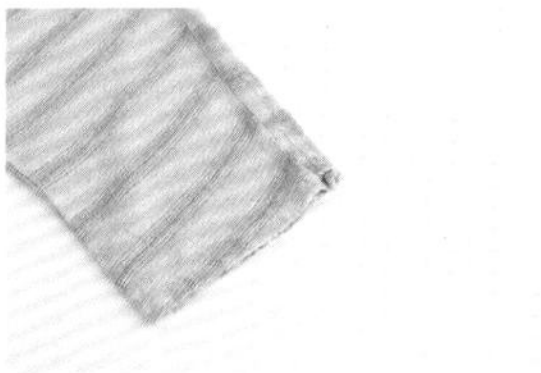

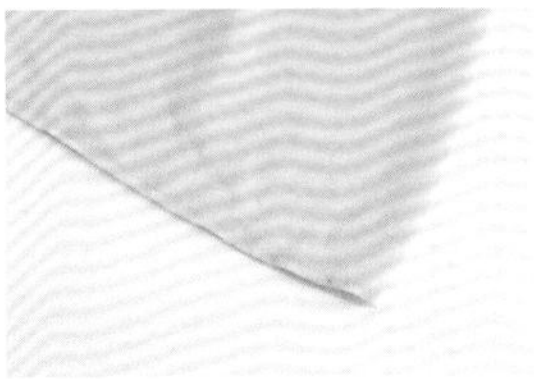

11 老布镶拼仕女文儒袍

第二十六章　樛木

01 老布镶拼小旗袍

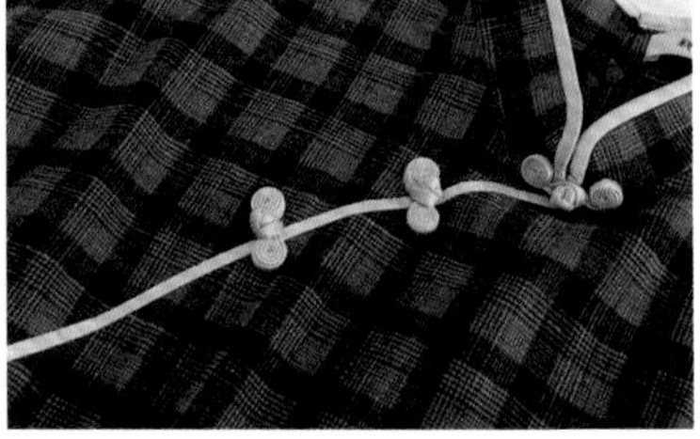

02 老布文艺长襦裙

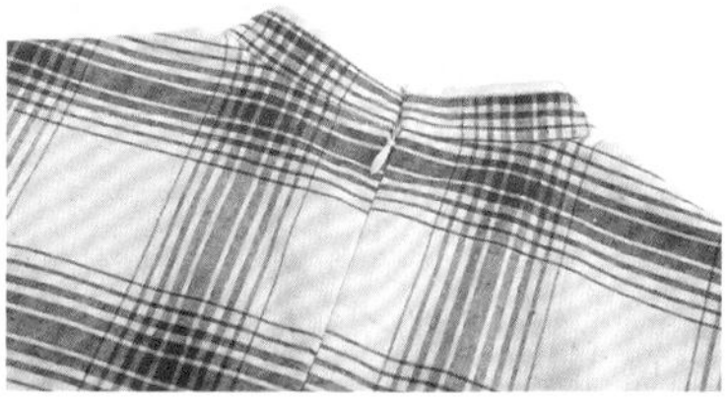

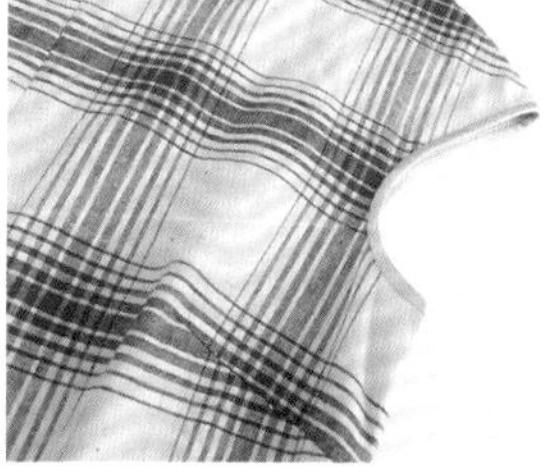

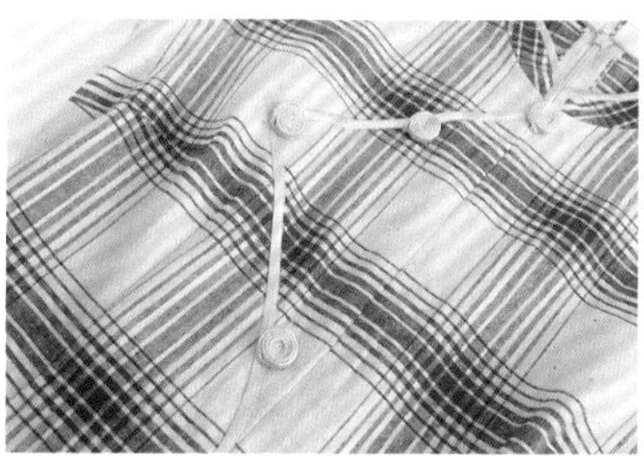

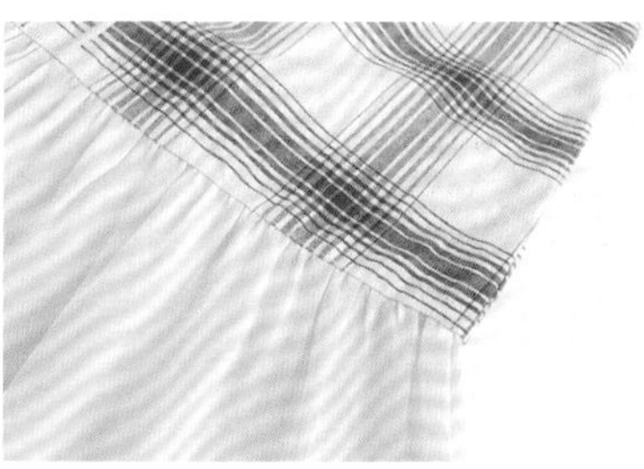

03 老布镶拼文艺襦裙

04 黑欧根缎华袍

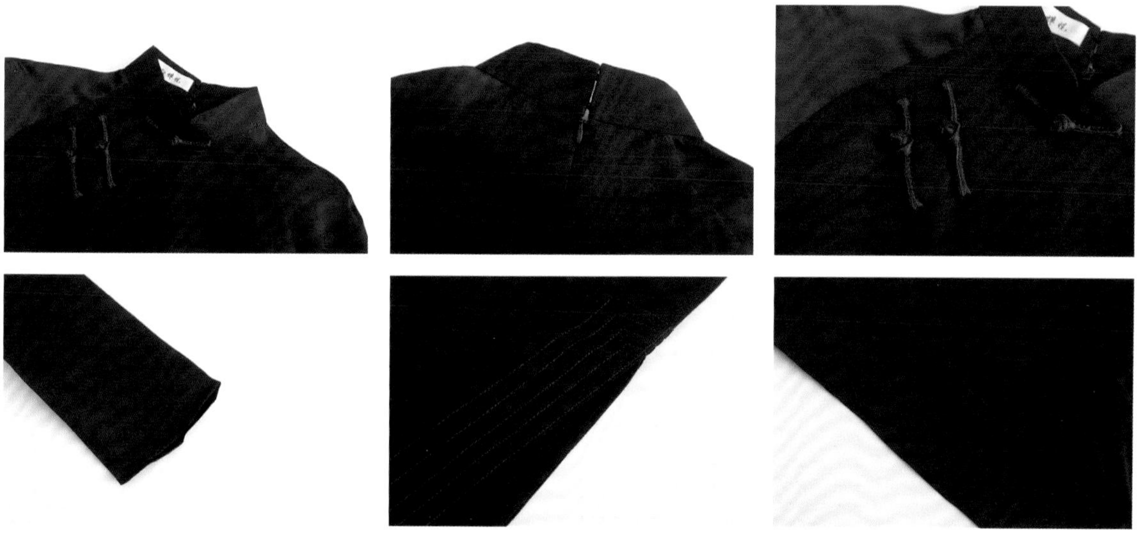

05 老布镶拼仕女襦裙

06 印花氅披肩

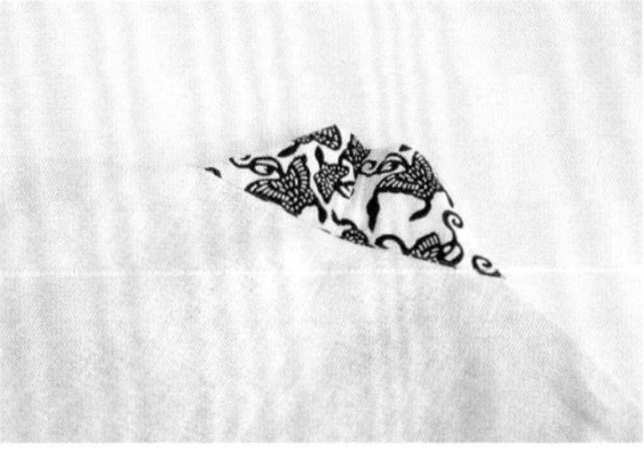

07 秀丽蕾丝旗袍

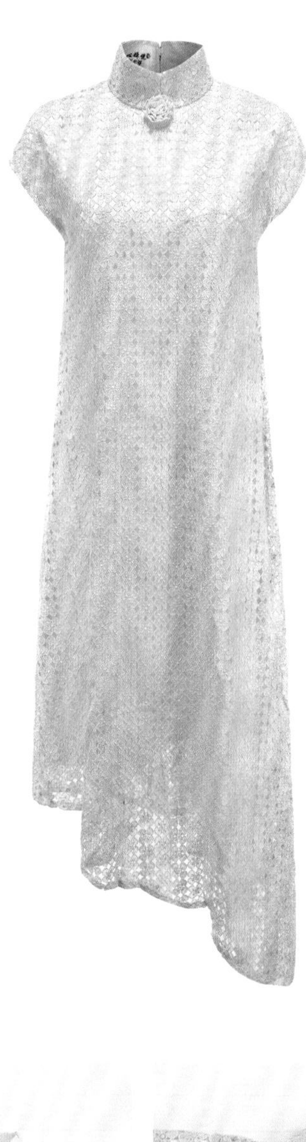

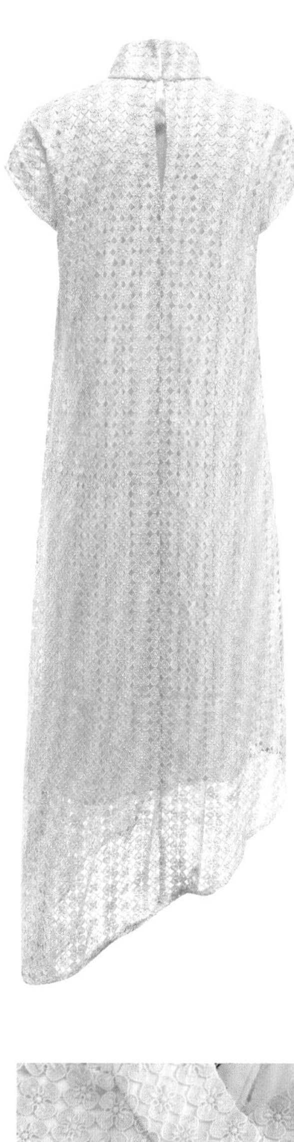

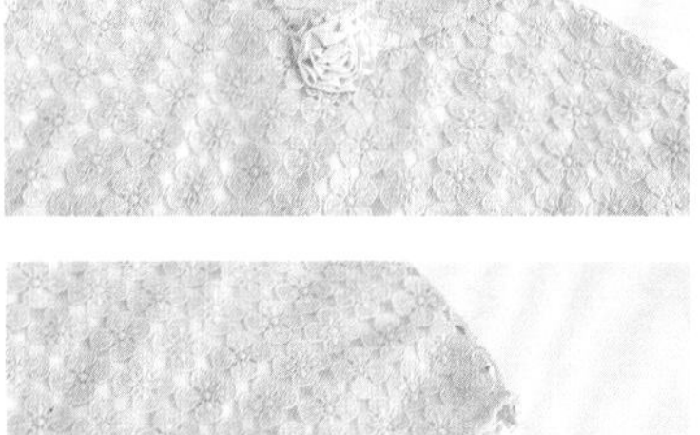

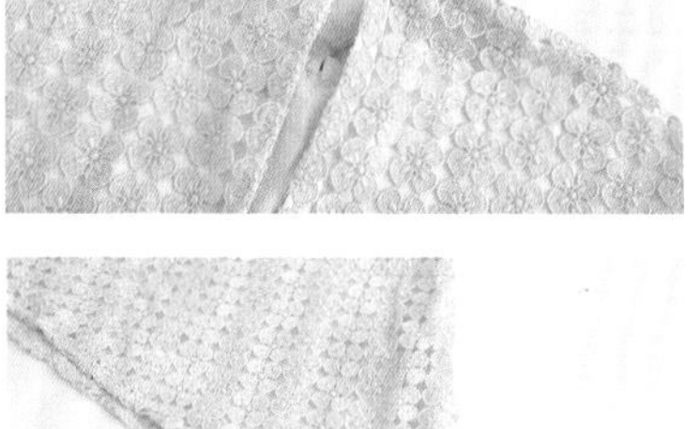

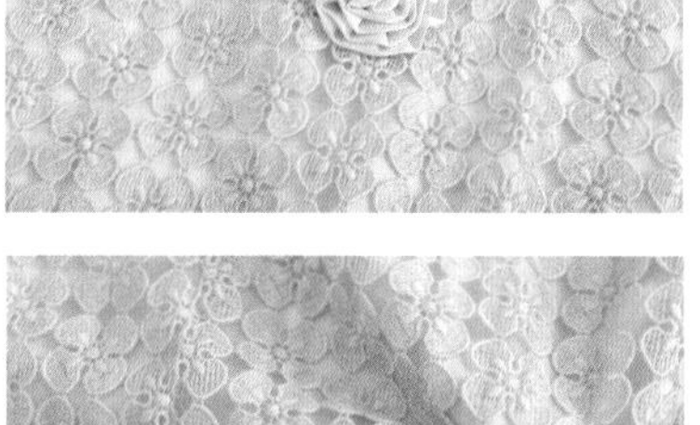

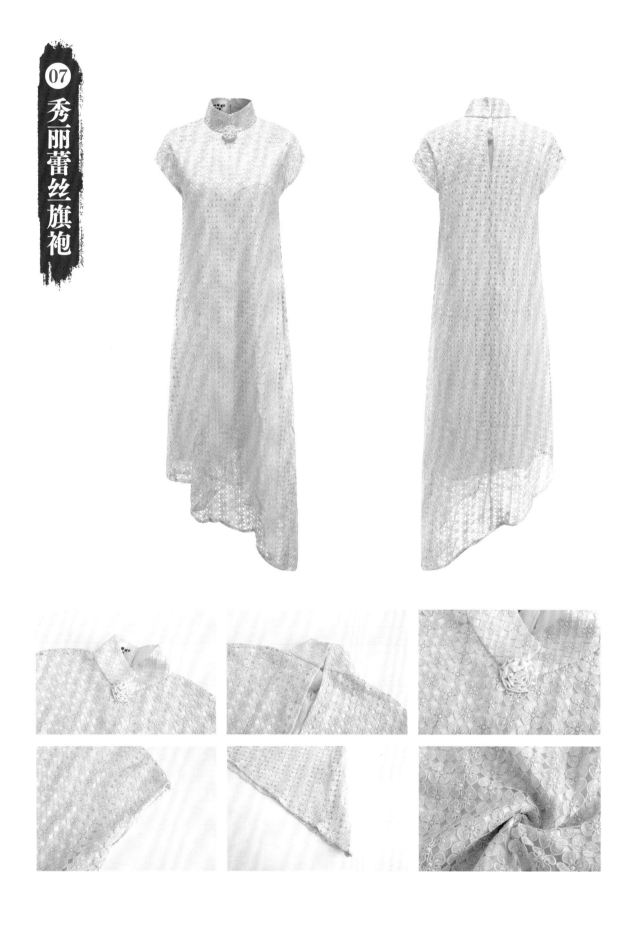

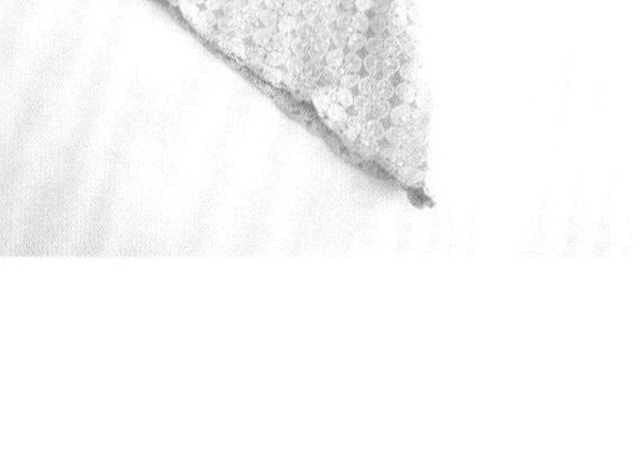

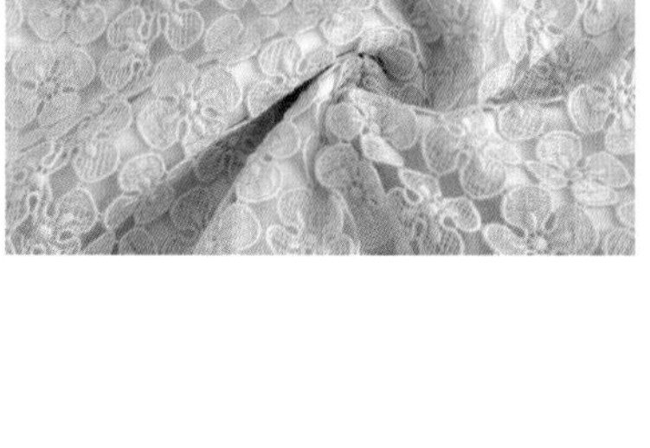

08 女先生经典旗袍

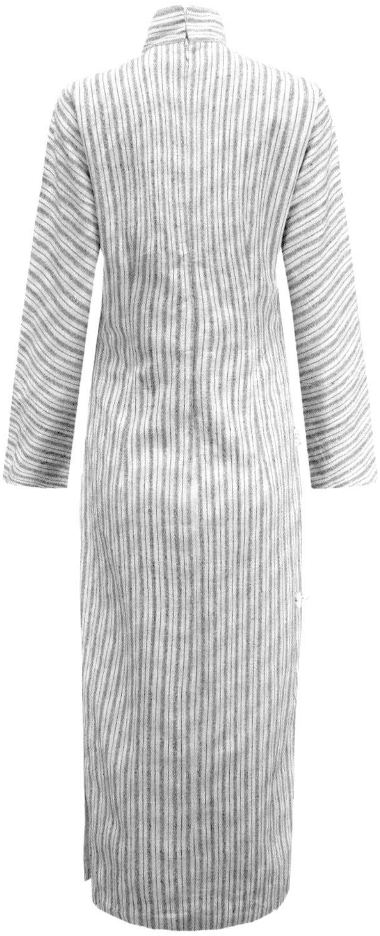

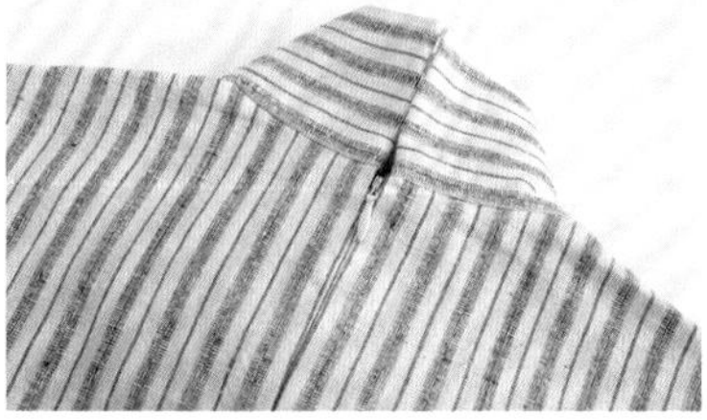

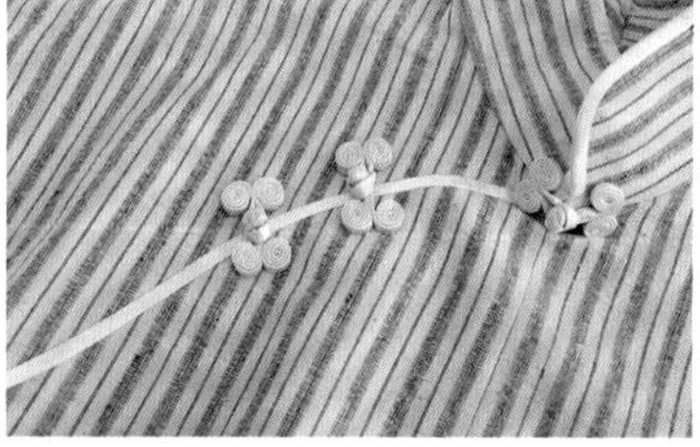

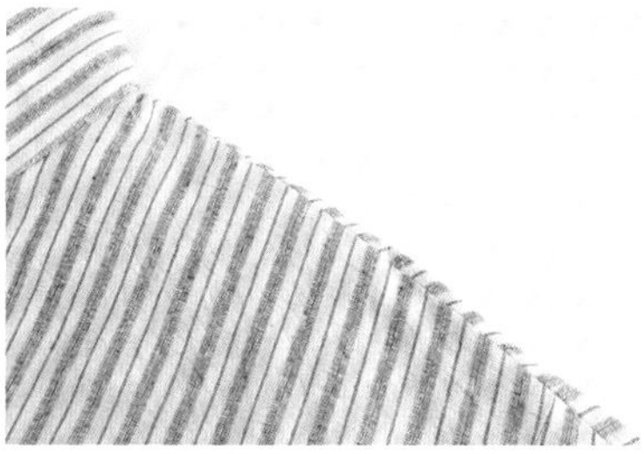

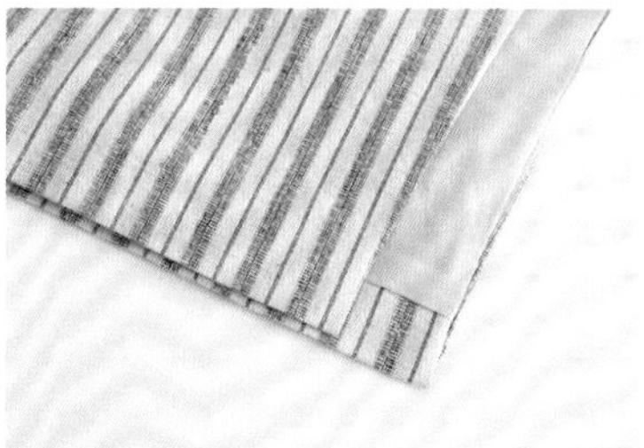

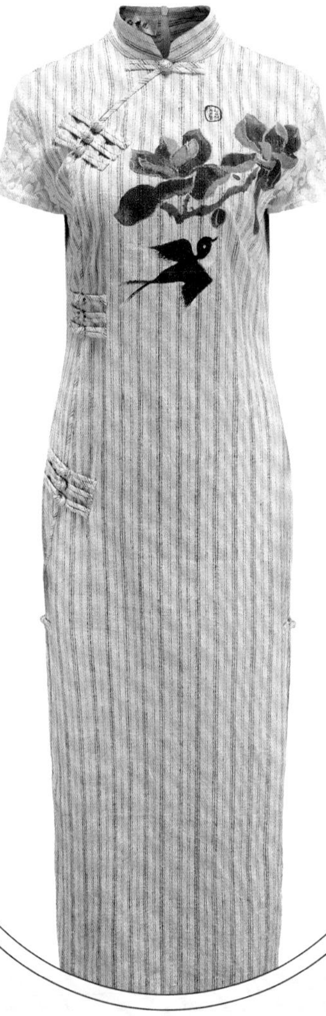

第二十七章　木瓜

01 老布文艺仕女襦裙

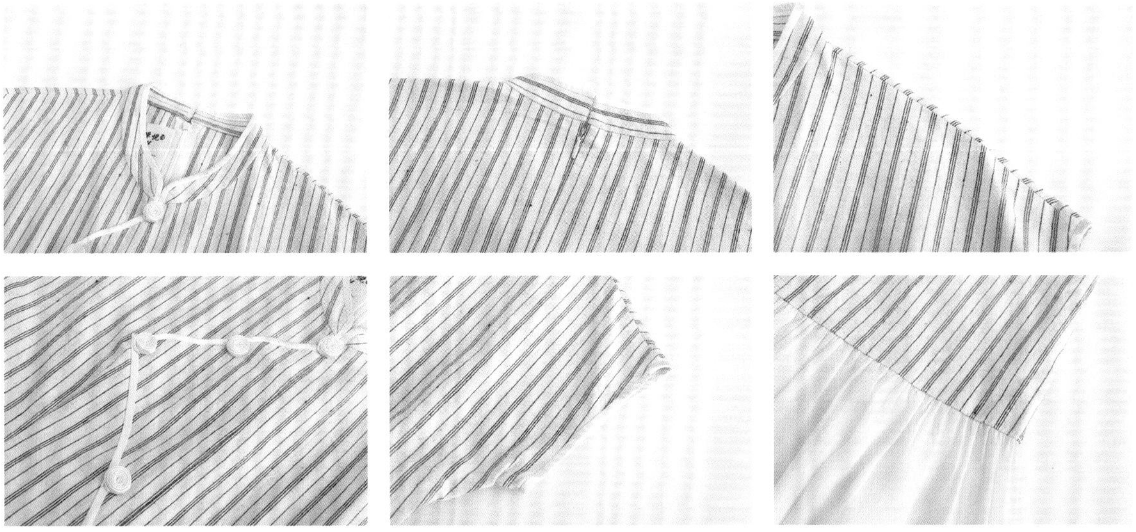

02 老布镶拼手绘文艺旗袍

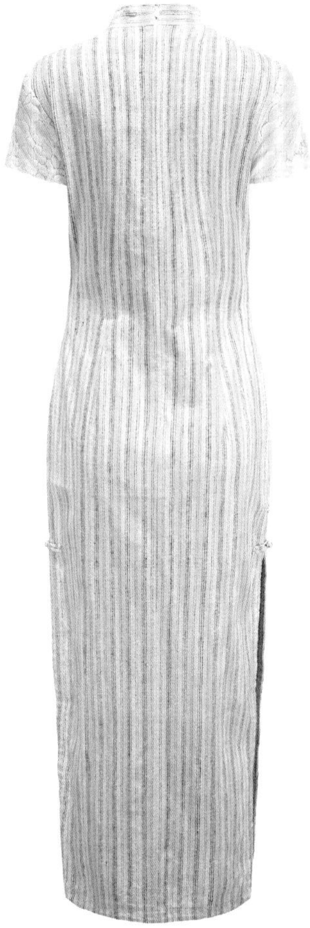

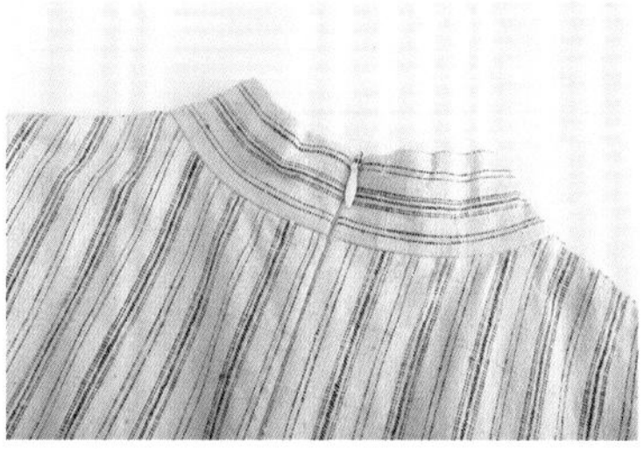

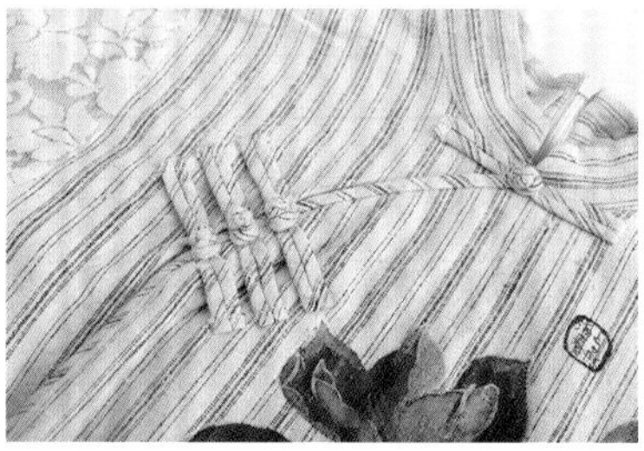

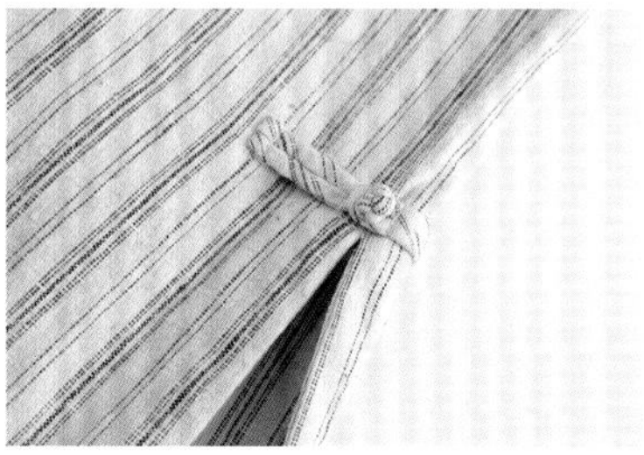

03 襦裙马甲

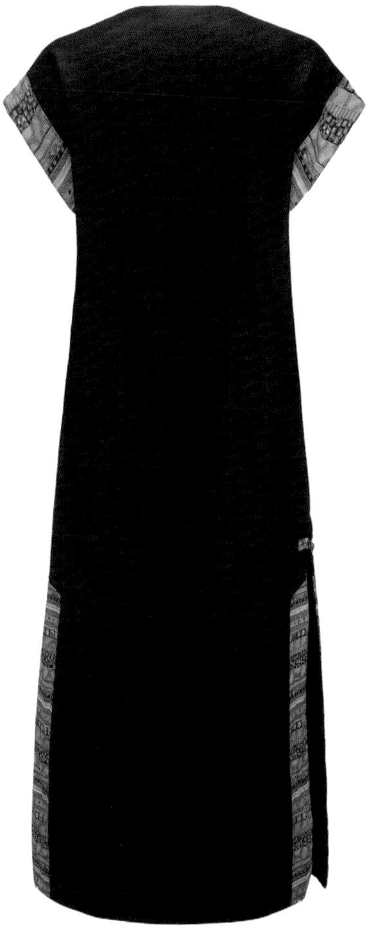

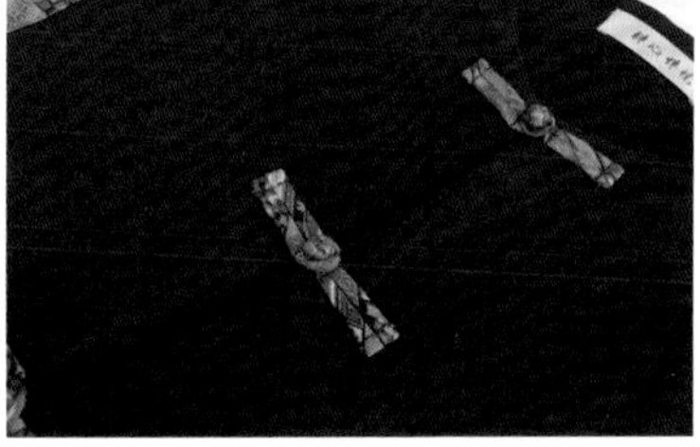

04 老布镶拼小襦裙

05 改良夹旗袍

第二十八章　桑扈

01 米色条纹短旗袍

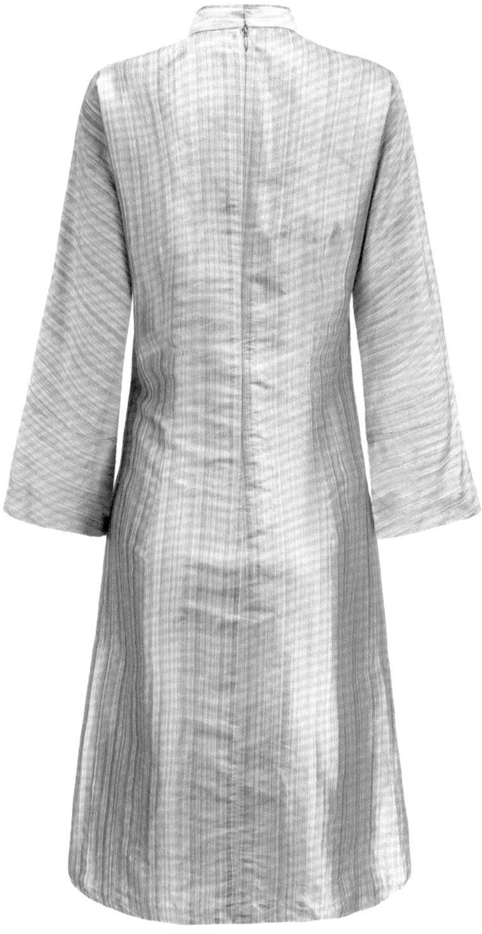

02 花绵绸改良长旗袍

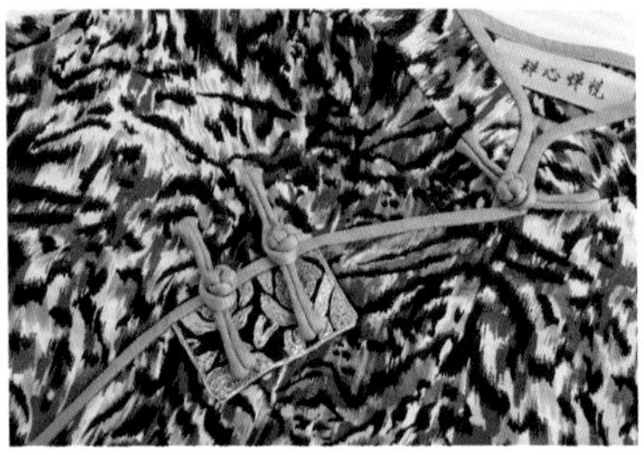

03 蓝色麻旗袍

04 苗金花短上衣

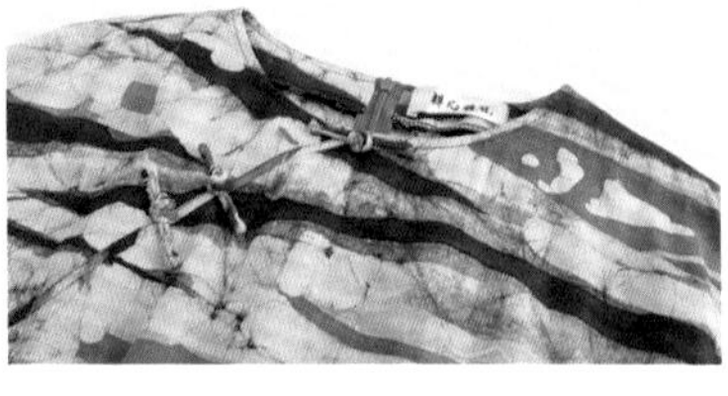

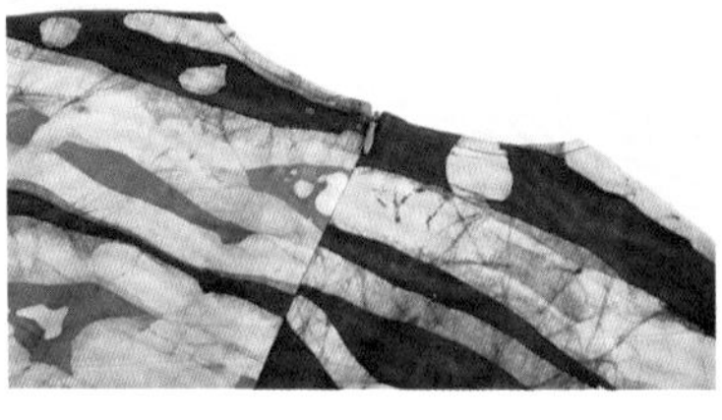

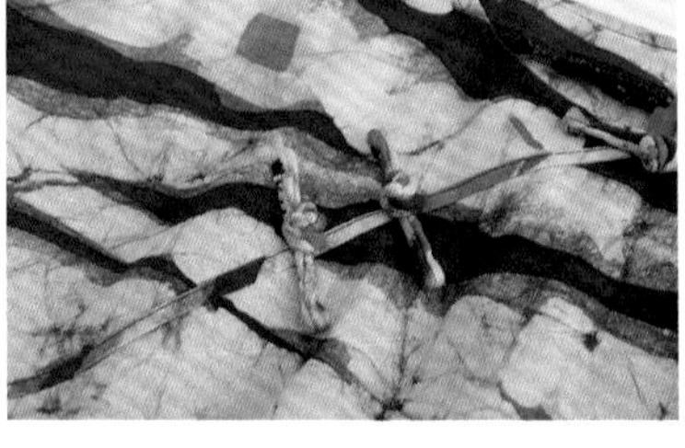

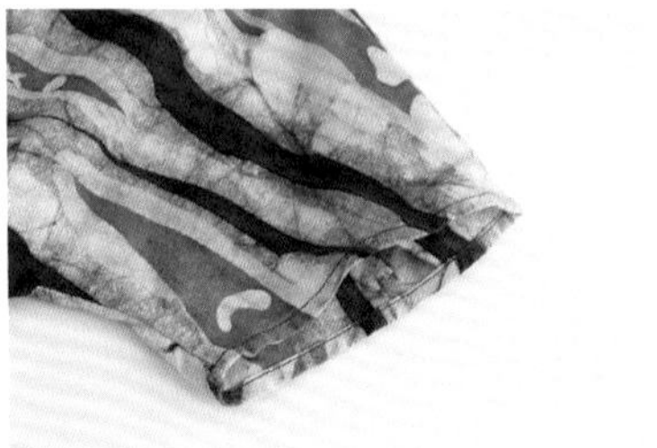

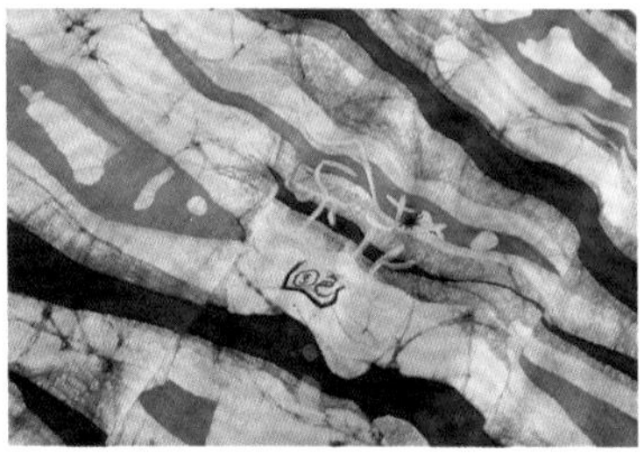

05 手绘文艺长袍

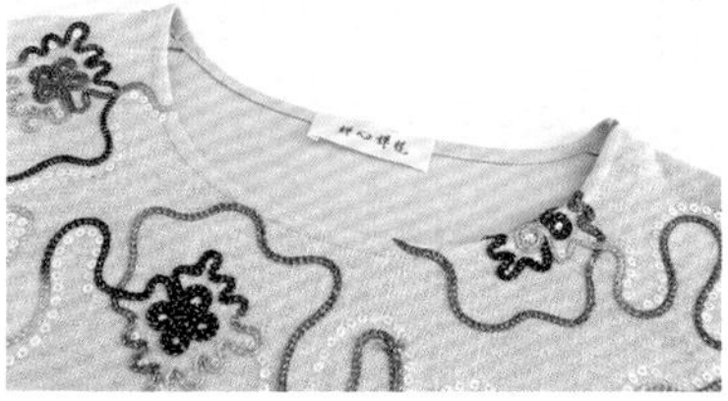
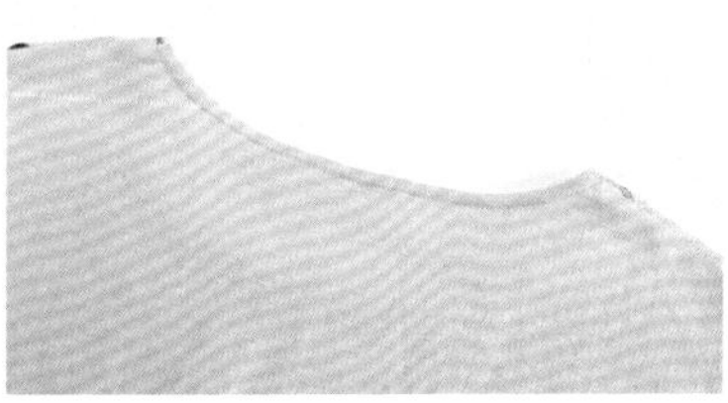
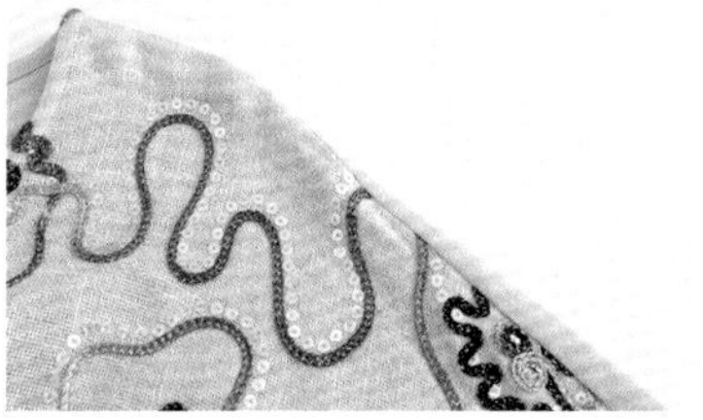

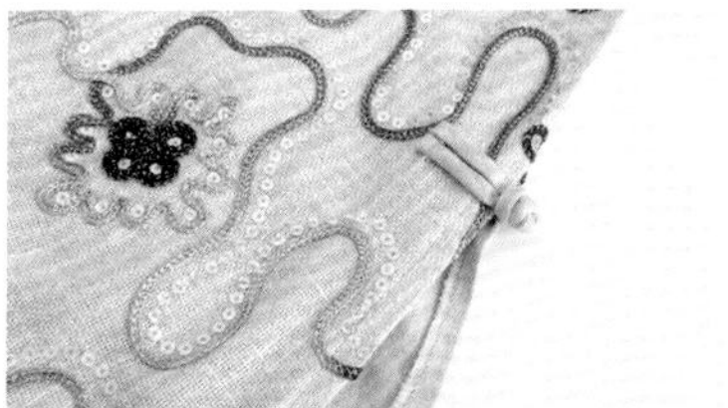

06 蓝色手绘文艺长袄

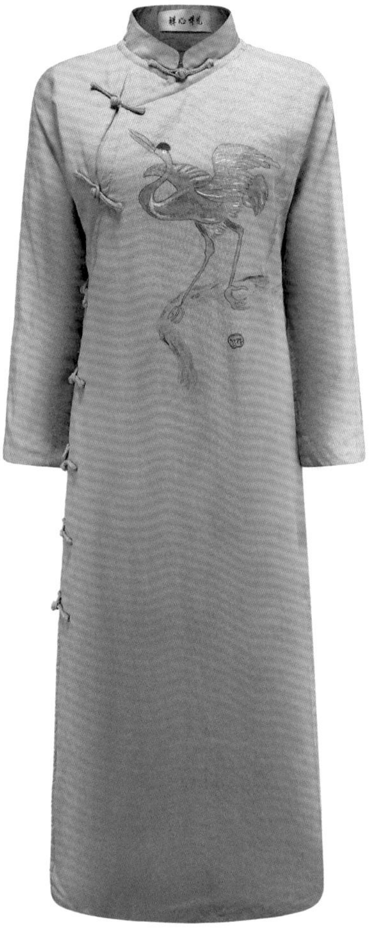

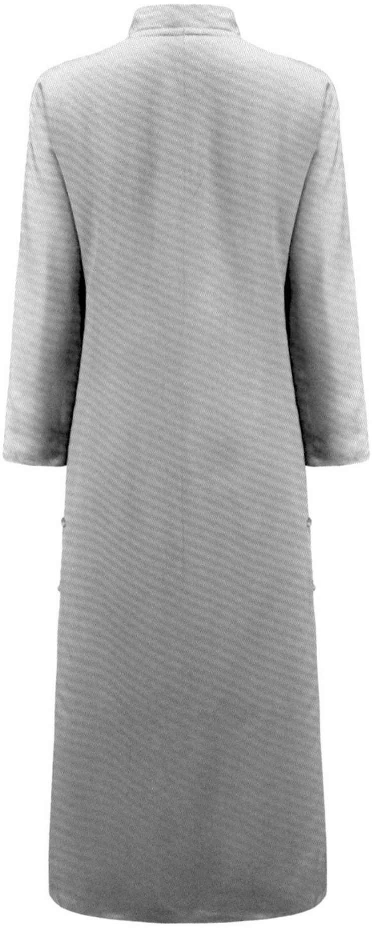

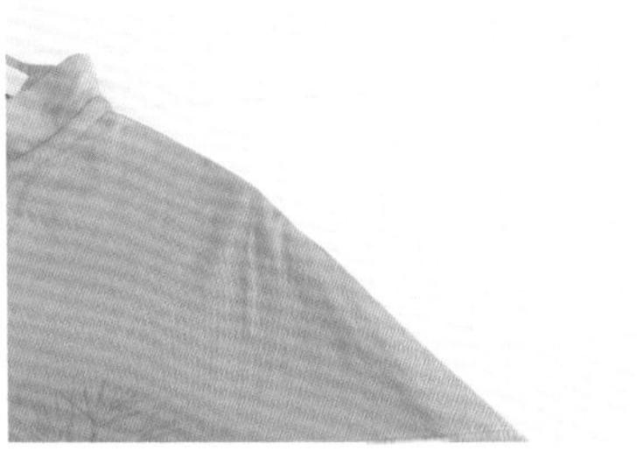

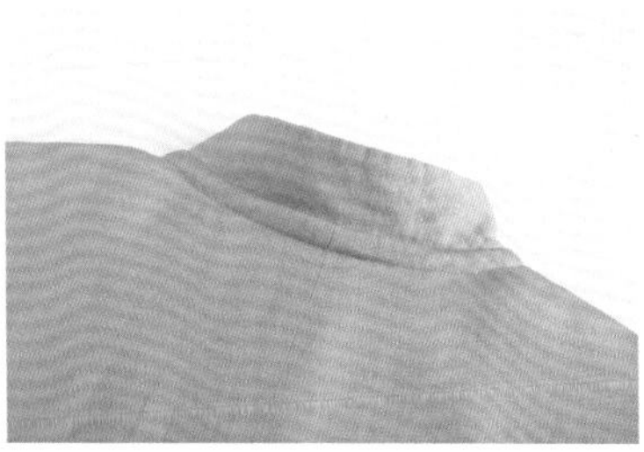

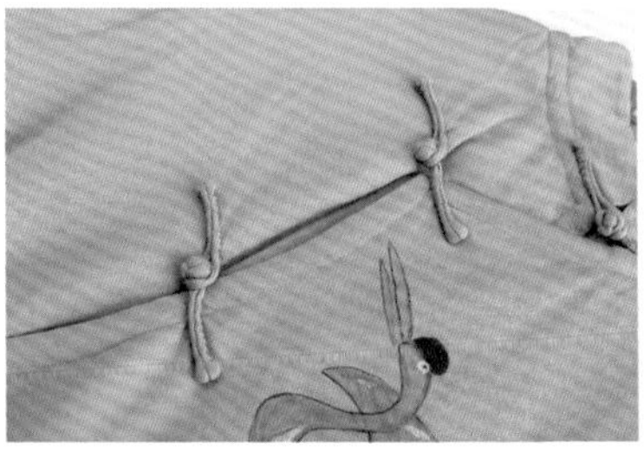

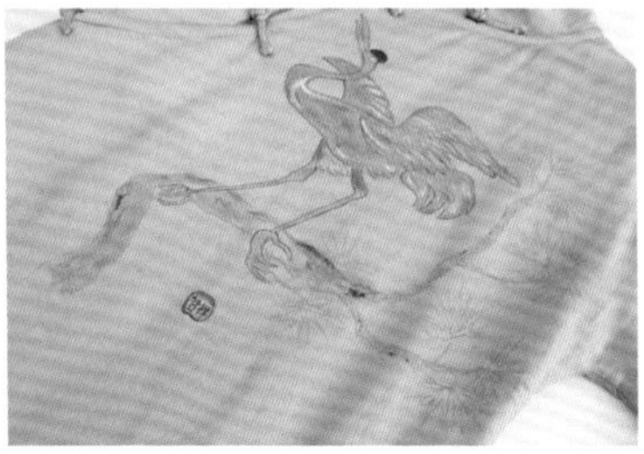

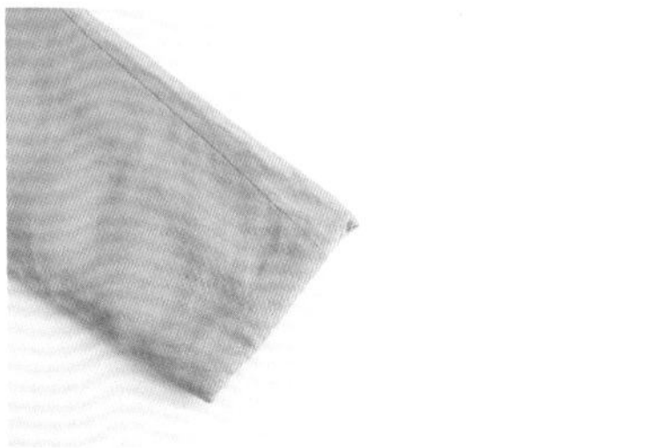

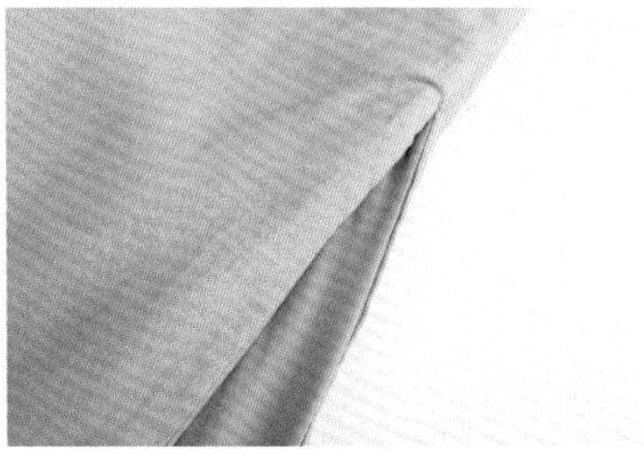

07 丝麻旗袍

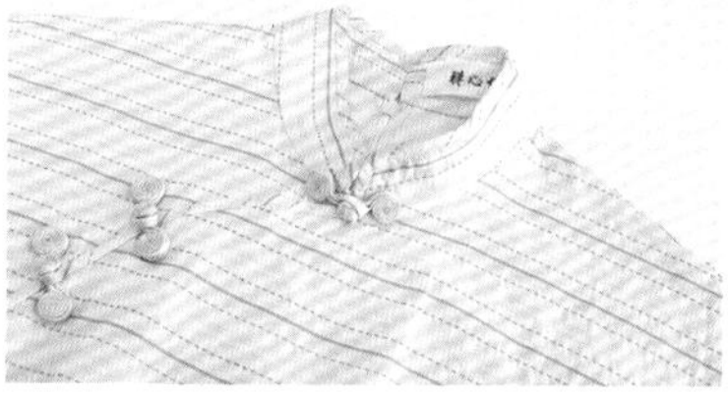

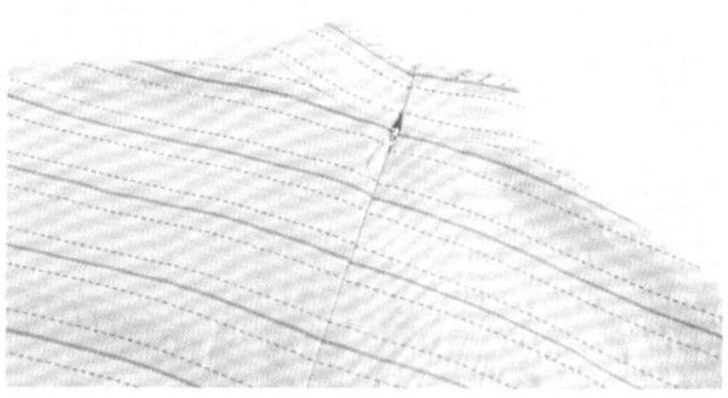

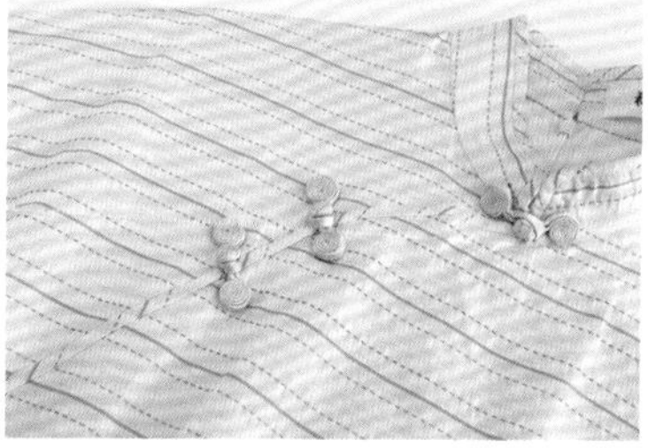

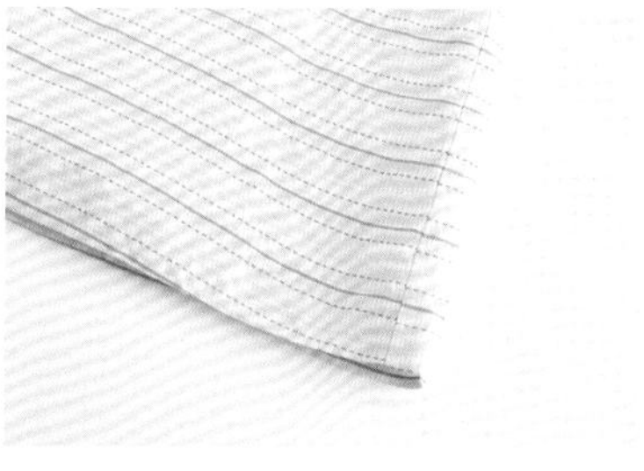

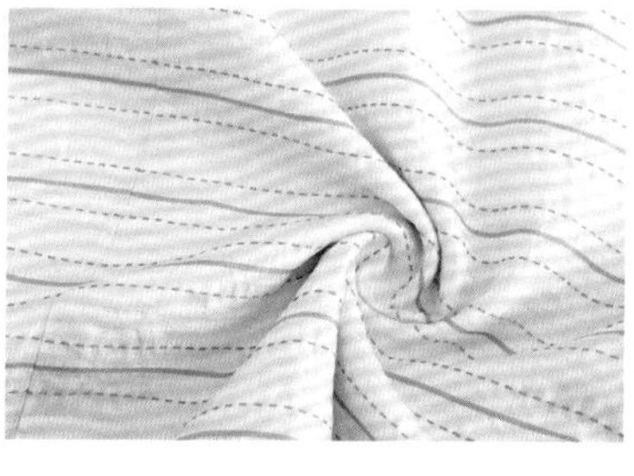

08 真丝手绘旗袍

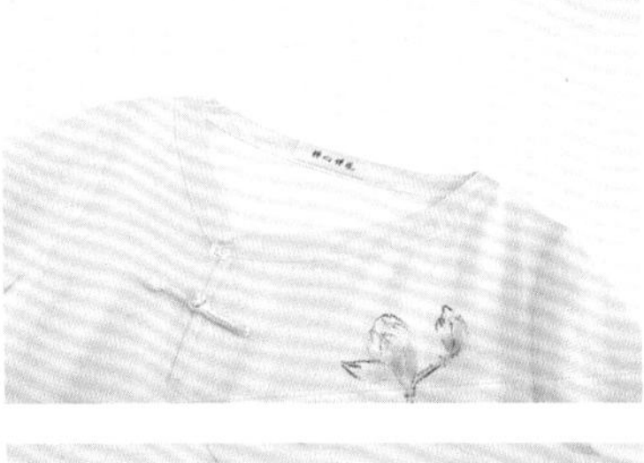

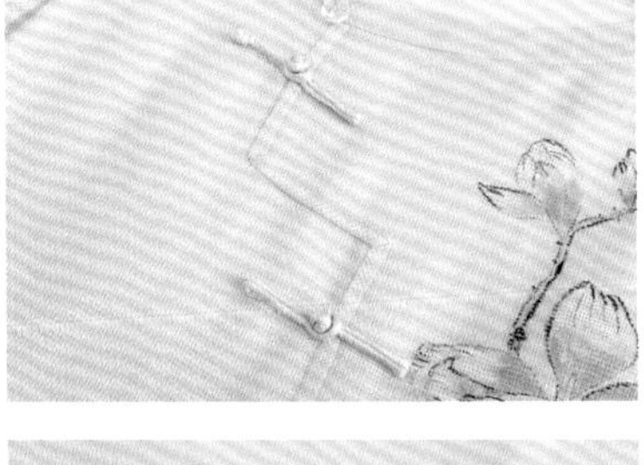

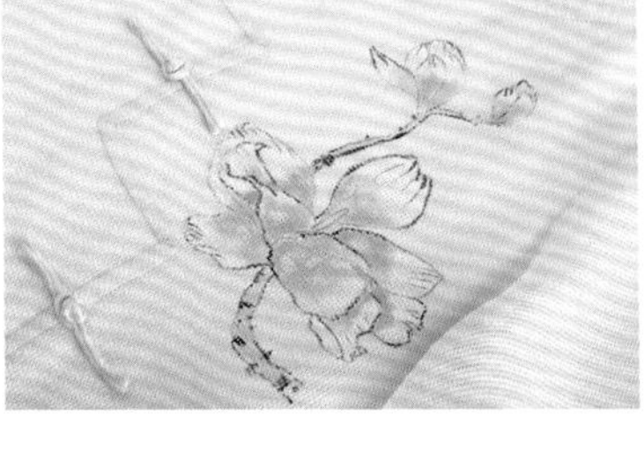

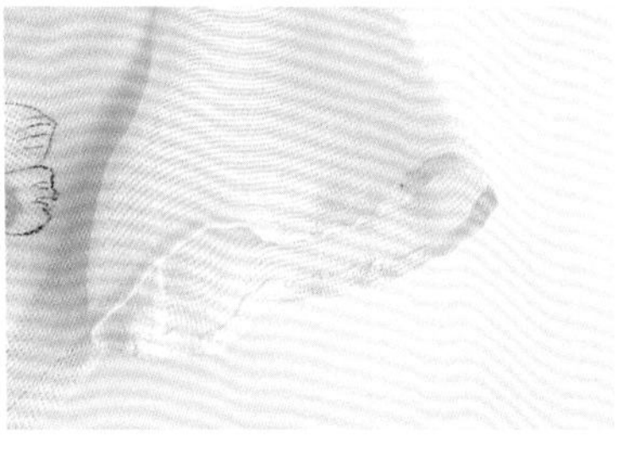

09 蓝色真丝手绘连衣裙

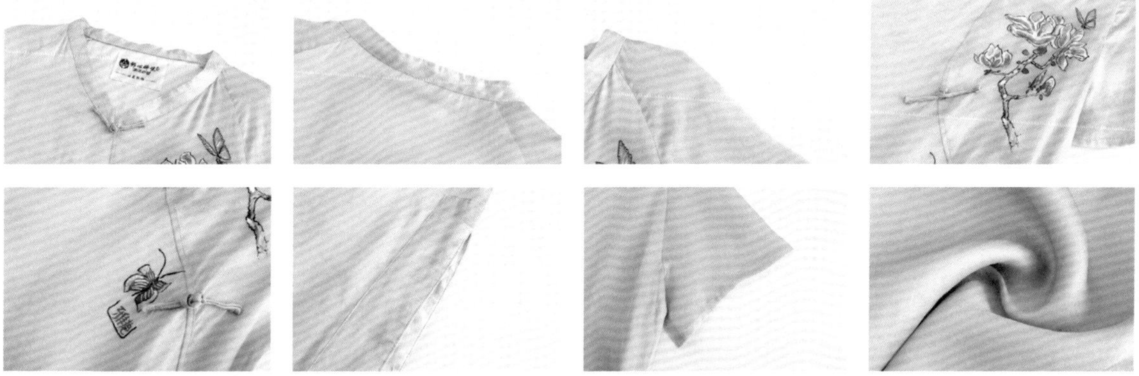

⑩ 紫色真丝手绘连衣裙

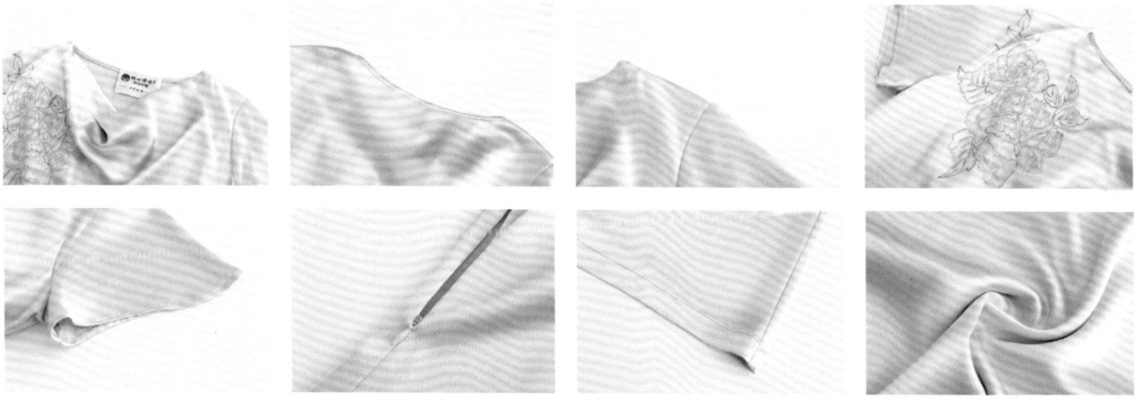

11 贴花白色短袍

第二十九章　采绿

01 绿花棉袍

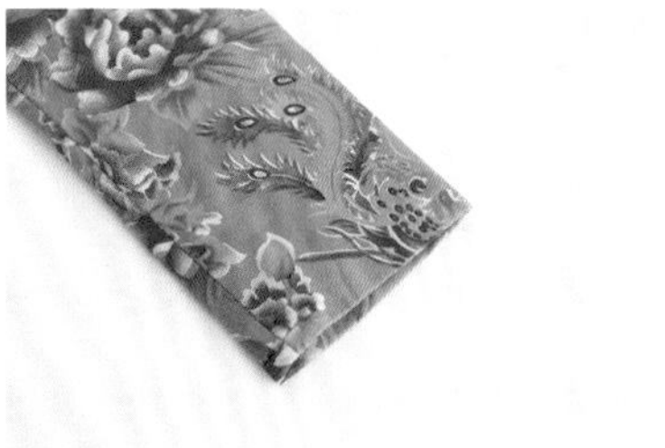

02 手绘文艺旗袍

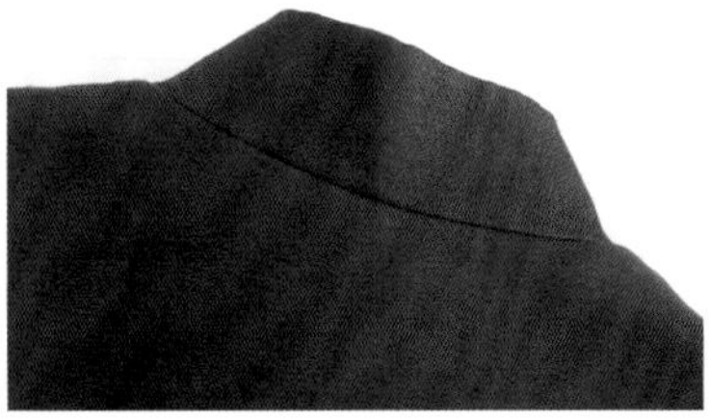

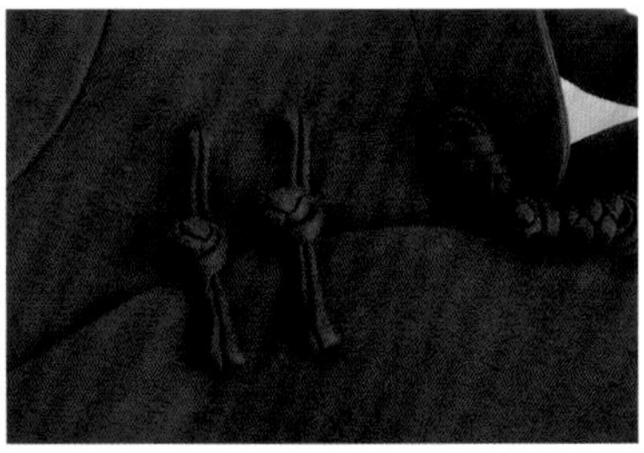

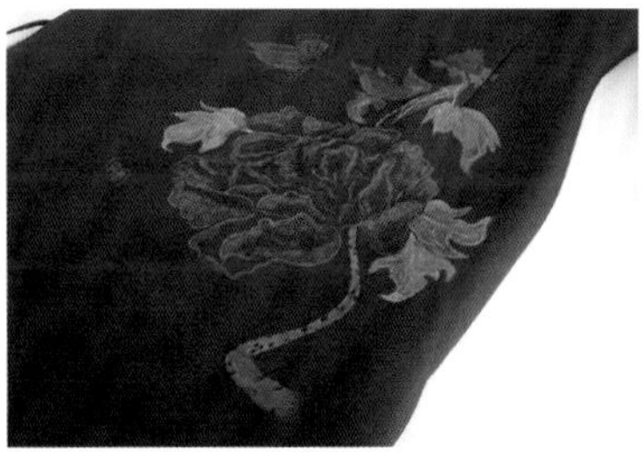

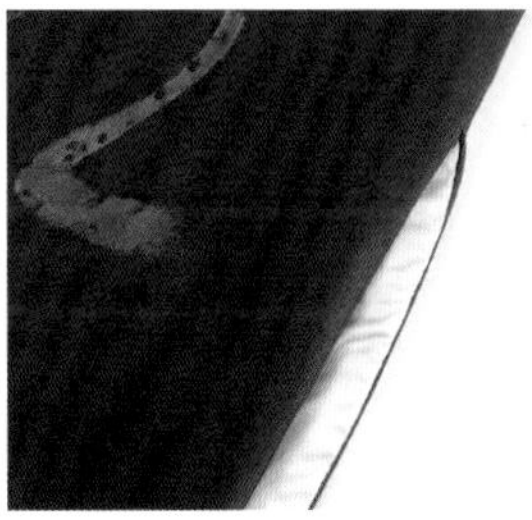

03 手绘文艺上衣一

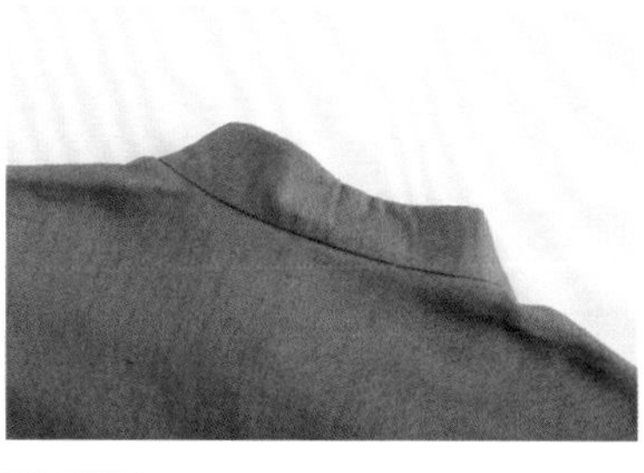

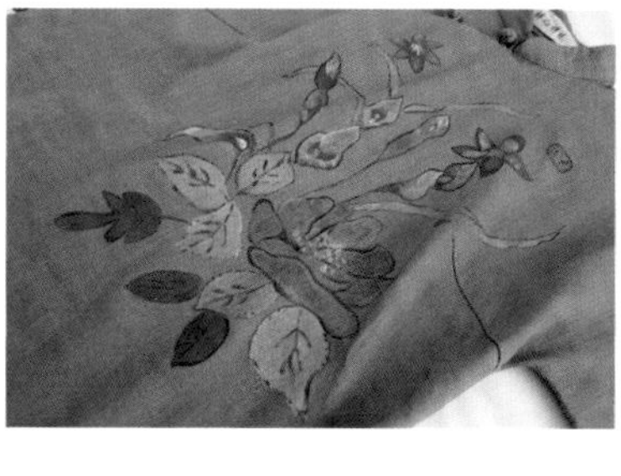

04 手绘文艺上衣二

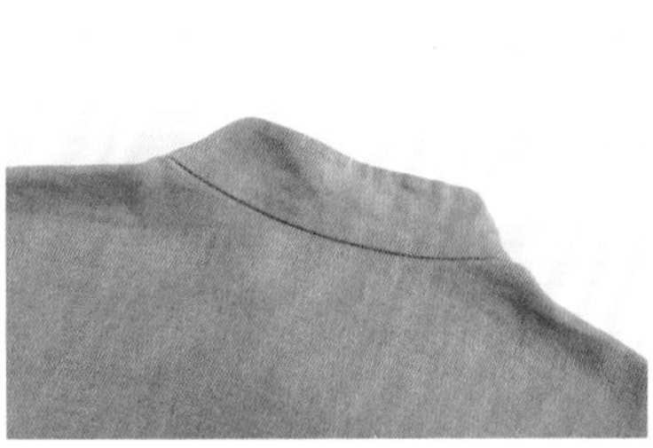

05 立体花改良夏旗袍

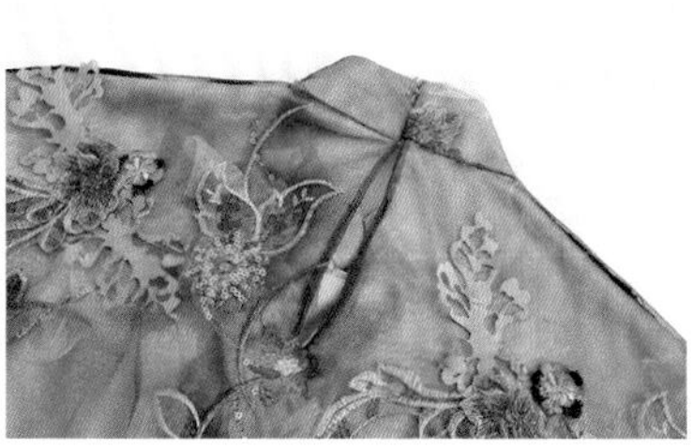

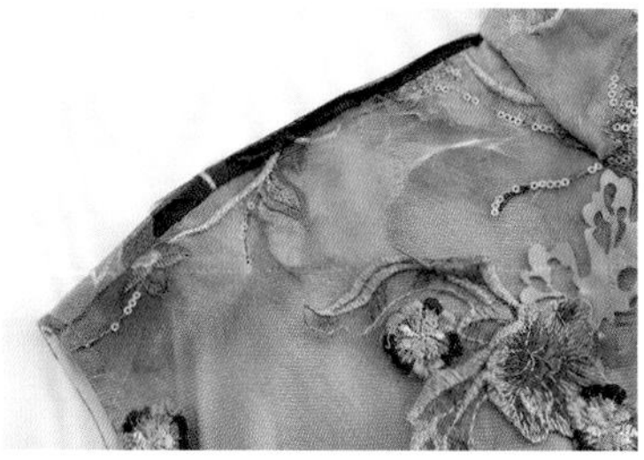

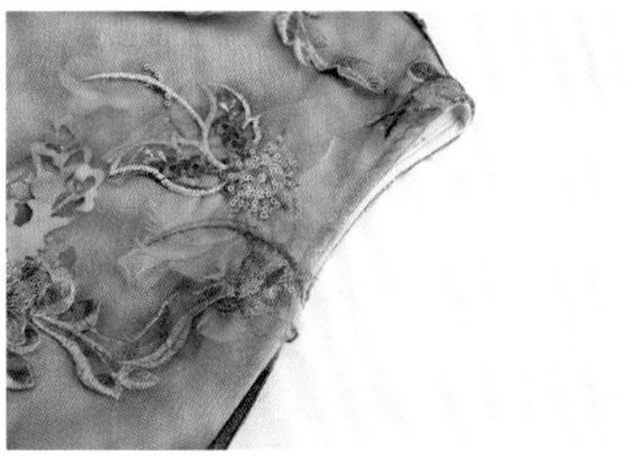

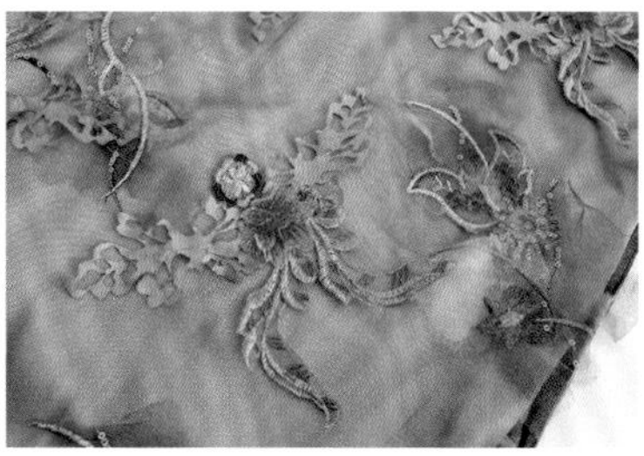

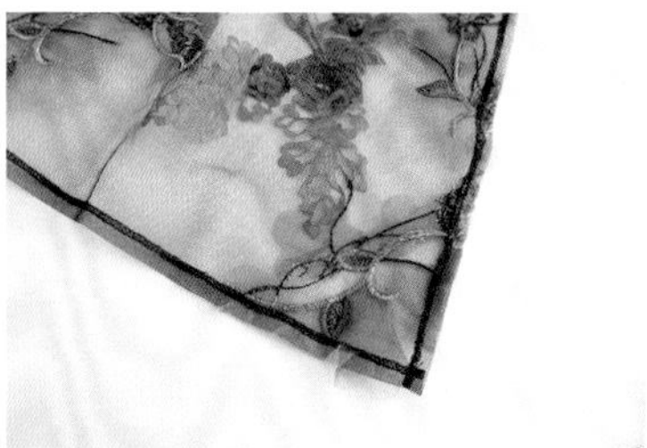

06 蕾丝文艺夏旗袍

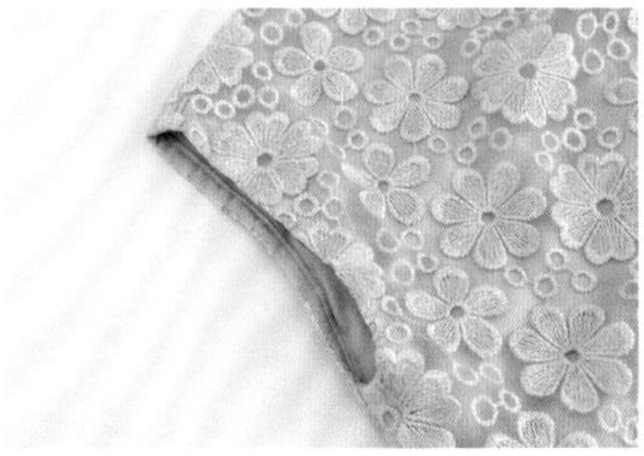

07 绿牡丹文艺连衣裙

08 欧根纱袍裙

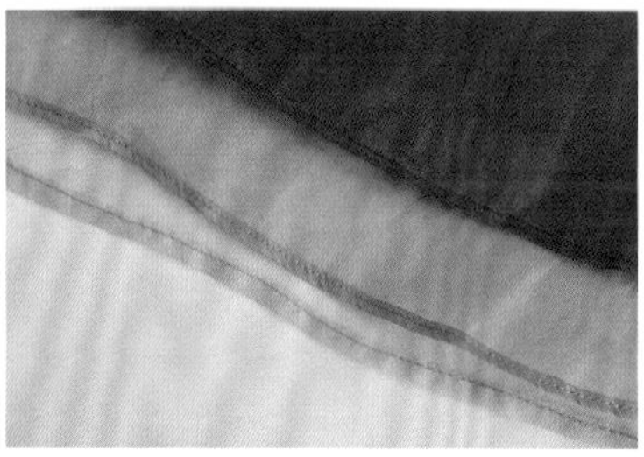

09 粗绿麻文艺旗袍

第三十章　缁衣

01 毛呢手绘改良氅

02 黑色吊带裙

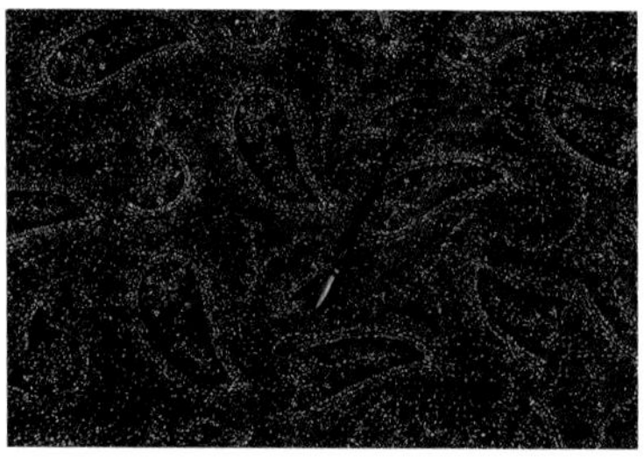

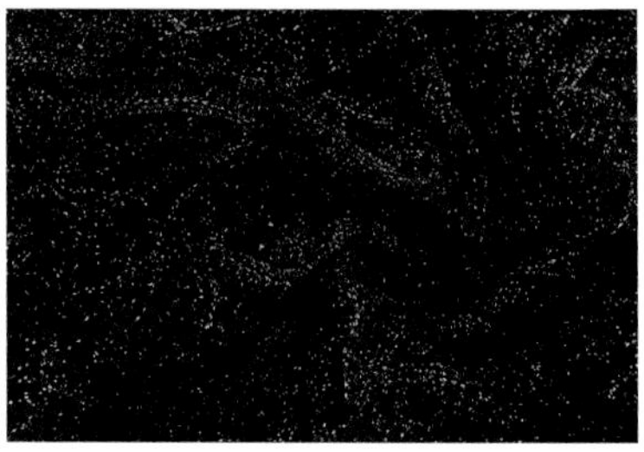

03 条纹麻上衣

04 老布镶拼文艺上衣

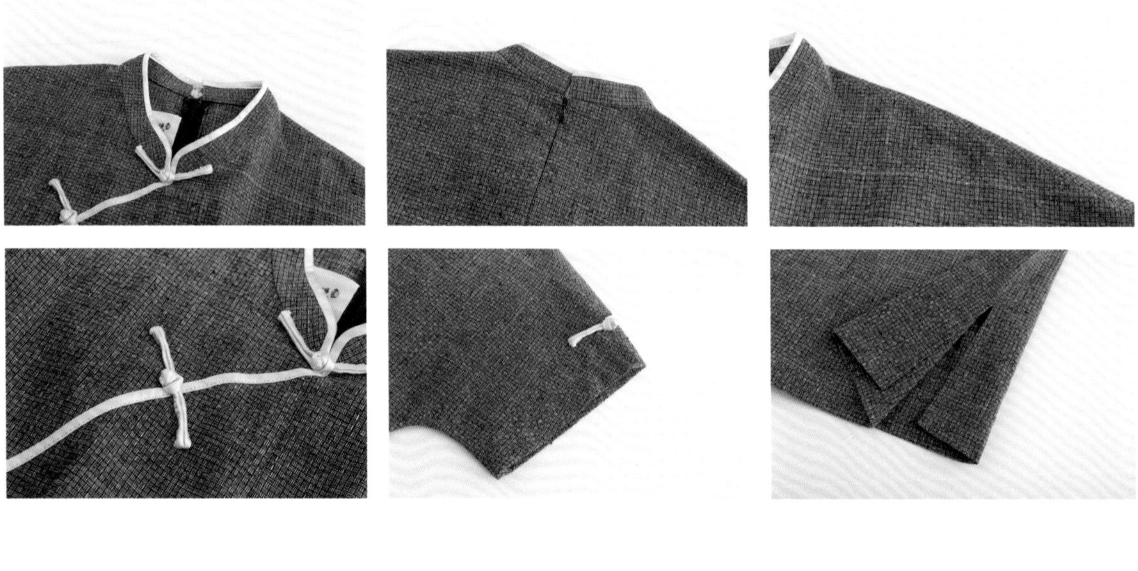

参考文献

[1] 林惠祥．文化人类学［ M ］．北京：商务印书馆，2011.

[2] 周晓虹．现代社会心理学——多维视野中的社会行为研究［ M ］．上海：上海人民出版社，1997.

[3] 沙莲香．中国民族性（一）（二）［ M ］．北京：中国人民大学出版社，1989，1990.

[4] Susan B.Kaiser．服装社会心理学［ M ］．李宏伟，译．北京：中国纺织出版社，2000.

[5] 欧文・戈夫曼．日常生活中的自我呈现［ M ］．冯钢，译．北京：北京大学出版社，2008.

[6] 高宣扬．流行文化社会学［ M ］．北京：中国人民大学出版社，2006.

[7] 刘国联．服装心理学［ M ］．上海：华东大学出版社，2007.

[8] 李叔君．身体、符号权力与秩序——对女性身体实践的研究与解读［ M ］．成都：四川大学出版社，2012.

[9] 赵毅衡．符号学原理与推演［ M ］．南京：南京大学出版社，2016.

[10] 大卫・爱德华斯．艺术治疗［ M ］．黄赟琳，孙传捷，译．重庆：重庆大学出版社，2016.

[11] 赵平．服装心理学概论［ M ］．北京：中国纺织出版社，2020.

[12] 赵江洪．设计心理学［ M ］．北京：北京理工大学出版社，2018.

[13] 大卫・丰塔纳．符号密语［ M ］．吴冬月，译．北京：中国友谊出版公司，2021.

[14] 牛犁，崔荣荣．绣罗衣裳——汉族民间服饰谱系［ M ］．北京：中国纺织出版社，2020.

[15] 迈克尔・萨缪尔斯，玛丽・洛克伍德・兰恩：艺术心理疗法［ M ］．傅婧瑛，译．北京：人民邮电出版社，2021.

[16] 朱建军．意象对话心理学与中医［ M ］．合肥：安徽人民出版社，2012.

[17] 邬烈炎，赵宏斌．服装心理学［ M ］．合肥：合肥工业大学出版社，2010.

[18] 陈侃．绘画心理测验与心理分析［ M ］．广州：广东高等教育出版社，2008.

[19] 武国忠．黄帝内经使用手册［ M ］．上海：上海文艺出版社，2009.

[20] 钟蔚．形象设计与表达——色彩・服饰・妆容［ M ］．北京：中国纺织出版社，2015.

[21] 刘望魏，李晓蓉．服饰美学［ M ］．北京：中国纺织出版社，2019.

[22] 吴妍妍．西洋服装史［ M ］．北京：中国纺织出版社，2018.

[23] 礼记［ M ］．程昌明，译注．呼和浩特：远方出版社，2004.

[24] 屈原，宋玉．楚辞［ M ］．李振华，译注．太原：山西古藉出版社，2001.

[25] 诗经［ M ］．于夯，译注．呼和浩特：远方出版社，2004.

[26] 李思龙，沈梅英，施慧敏．纺织服装基础英语［ M ］．北京：中国纺织出版社，2017.

[27] 张良林．传达、意指与符号学视野［ M ］．北京：光明日报出版社，2020.

[28] 王海燕．服装消费心理学［ M ］．北京：中国纺织出版社，2016.

［29］冯前进，刘润兰．艺术中医［M］．北京：中国中医药出版社，2015.
［30］傅安球．实用心理异常诊断矫治手册［M］．修订版．上海：上海教育出版社，2005.
［31］唐宇冰，王鸣．中国服装史［M］．上海：上海交通大学出版社，2013.
［32］荣格，索努·沙姆达萨尼．红书［M］．周党伟，译．北京：机械工业出版社，2017.
［33］李静．民族心理学研究［M］．北京：民族出版社，2005.
［34］上原岩．疗愈之森：进入森林疗法的世界［M］．姚巧梅，译．台北：台北张老师文化事业股份有限公司，2013.
［35］肯·威尔伯．整合心理学：人类意识进化全景图［M］．聂传炎，译．合肥：安徽文艺出版社，2015.
［36］弗洛伊德．精神分析引论［M］．周丽，译．武汉：武汉出版社，2014.
［37］王德峰．艺术哲学［M］．上海：复旦大学出版社，2005.
［38］朱滢，焦书兰．实验心理学［M］．北京：中国原子能出版社，2004.
［39］何静，舒英才．美学与审美实践［M］．北京：解放军文艺出版社，2002.
［40］潘芳，吉峰．心身医学［M］．北京：人民卫生出版社，2007.
［41］王伟．人格心理学［M］．北京：人民卫生出版社，2017.
［42］庄田畋．中医心理学［M］．北京：人民卫生出版社，2016.
［43］钱明．健康心理学［M］．北京：人民卫生出版社，2015.
［44］Laury Rappaport．聚焦取向艺术治疗——通向身体的智慧与创造力［M］．叶文瑜，译．北京：中国轻工业出版社，2019.
［45］马莹．发展心理学［M］．北京：人民卫生出版社，2017.
［46］沈从文．中国古代服饰研究［M］．上海：上海书店出版社，2002.
［47］复旦大学哲学系中国哲学教研室．中国古代哲学史［M］．上海：上海古籍出版社，2006.
［48］黑格尔．精神现象学［M］．王诚，曾琼，译．南昌：江西教育出版社，2014.
［49］王群山，孙宁宁，马建东．服装设计效果表现技法［M］．北京：化工工业出版社，2015.
［50］刘建智．服装结构原理与原型工业制板［M］．北京：中国纺织出版社，2009.
［51］杨荫深．衣冠服饰［M］．上海：上海世纪出版社股份有限公司（辞书出版社），2014.
［52］喻闽喜．中国古文化环境身心学［M］．南昌：江西高校出版社，2007.
［53］朱建军．中国人的心与文化——对中国传统文化的心理学分析［M］．太原：山西出版集团（山西人民出版社），2008.
［54］福士斋．3D人体解剖图——从身体构造检索疾病［M］．宋天涛，译．沈阳：辽宁科学技术出版社，2016.
［55］孟慧英．寻找神秘的萨满世界［M］．北京：群言出版社，2014.
［56］沈政，林庶芝．生理心理学［M］．北京：北京大学出版社，2014.
［57］荣格．荣格性格哲学［M］．李德荣，编译．北京：九州出版社，2003.